高等院校信息技术课程精选规划教材

大学计算机实验指导

主　编　卢雪松　杨晓秋
主　审　殷新春
副主编　周彩英　楚　红
　　　　徐　晶　贺兴亚
　　　　唐忠宽　王　静

U0250435

南京大学出版社

内容简介

为从实践的角度增强学生计算思维能力的培养、提高学生计算机应用能力的水平,本实验指导书精心设计了硬件模拟安装、个人简历制作、论文排版、电子书制作、文件的加密、文件的删除与恢复、图形图像和音/视频的编辑加工、电子表格和 PPT 制作、二维码制作和 OCR 识别、网络调查、网络应用和杀毒等 18 个实验,供各专业学生结合专业特点,依据个人喜好自由选择。

本书是大学计算机教程的配套实验教材,可作为普通高校非计算机专业大学计算机基础课程的实验教材,也可作为计算机爱好者操作使用计算机的参考书。

图书在版编目(CIP)数据

大学计算机实验指导 / 卢雪松,杨晓秋主编. — 南京 :南京大学出版社,2018.8(2021.7 重印)

高等院校信息技术课程精选规划教材

ISBN 978-7-305-20337-4

Ⅰ.①大⋯　Ⅱ.①卢⋯　②杨⋯　Ⅲ.①电子计算机 — 实验—高等学校—教学参考资料　Ⅳ.①TP3-33

中国版本图书馆 CIP 数据核字(2018)第 120320 号

出版发行　南京大学出版社

社　　址　南京市汉口路 22 号　　　邮　编　210093

出 版 人　金鑫荣

书　　名　**大学计算机实验指导**

主　　编　卢雪松　杨晓秋

责任编辑　王秉华　王南雁　　　编辑热线　025-83597482

照　　排　南京开卷文化传媒有限公司

印　　刷　南京百花彩色印刷广告制作有限责任公司

开　　本　787×1092　1/16　印张 11.75　字数 300 千

版　　次　2018 年 8 月第 1 版　　2021 年 7 月第 6 次印刷

ISBN　978-7-305-20337-4

定　　价　29.80 元

网　　址:http://www.njupco.com

官方微博:http://weibo.com/njupco

官方微信号:njupress

销售咨询热线:(025)83594756

前　言

随着信息技术的飞速发展,计算机的应用已经融入到人类学习、工作和生活的方方面面。人们已不再满足于掌握计算机基础知识和基本操作的要求,进一步提出了"计算思维"培养的理念。计算思维和理论思维、实验思维一起构成了推动人类文明进步和科技发展的科学思维。美国卡内基·梅隆大学周以真教授认为,计算思维是运用计算机科学的基础概念进行问题求解、系统设计,以及人类行为理解的涵盖计算机科学之广度的一系列思维活动。

计算思维无处不在,无时不在,它闪现在人类活动的整个过程之中。计算思维是一种根本技能,因此每一个人要在现代社会中发挥更好的作用,就必须进一步加强计算思维的培养和训练。

工具的选择与使用,对人类的思维和活动有着重要的影响。为从实践的角度增强学生计算思维能力的培养、提高学生实际计算机应用能力的水平,我们详细分析了学生使用计算机时所涉及的操作内容,并据此精心设计了 18 个实验。其中计算机组装模拟实验能使学生对计算机硬件作一些深入了解,有助于将来自行维护或 DIY 计算机;个人简历制作有助于学生毕业时推销自己,长文档排版能帮助学生排版毕业设计论文,而电子书的制作则更便于学生参加各种竞赛时的总结与汇报;文件的加密、删除与恢复可增强学生信息安全的意识;图形、图像和音/视频的编辑加工能丰富学生的课余生活;电子表格和 PPT 是日常学习和生活的常用工具;二维码制作和 OCR 识别能帮助学生接触和使用一些新技术;网络调查可助力学生的社会实践;一些简单实用的网络工具软件的使用可以让学生认识到网络的应用不仅仅是浏览网页和查找下载资料那么简单;杀毒则可以让学生泰然面对感染病毒的移动存储器和计算机。具体教学中,可以结合学生的专业特点、根据学生的个人喜好选做其中的部分实验内容。

本书由卢雪松、杨晓秋主编,殷新春主审。参加编写的有卢雪松(实验 5、实验 6 和实验 17),杨晓秋(实验 7)、周彩英(实验 13 和实验 15)、楚红(实验 2 和实验 3)、徐晶(实验 4 和实验 12)、贺兴亚(实验 8、实验 9、实验 14 和实验 18)、唐忠宽(实验 1 和实验 16)、王静(实验 10 和实验 11)等,最后由卢雪松统稿。

扬州大学教务处对大学计算机"计算思维"教学改革给予了大力支持。思科公司(教育部校企合作项目)及思科网络学院给予了本教材大力的支持,南京大学出版社的领导和编辑对本书的出版倾注了不少心血。书中部分内容和素材参考或改编自网络佚名作者。在此一并表示衷心的感谢!

宥于作者水平有限,加之编写时间仓促,书中难免有不当之处,敬请读者批评指证。

编　者

2018 年 6 月

目　　录

实验 1

计算机硬件模拟安装

【实验目的与要求】

1. 了解计算机硬件的基本组成。
2. 在模拟环境下安装一台完整的计算机。

【软硬件环境】

1. 软件环境：Windows 7 操作系统，火狐浏览器，思科虚拟实验系统 IT Essentials Virtual Desktop。
2. 硬件环境：处理器双核 1.6 GHz；内存 2 GB 以上；网络能访问 Internet 网络。

【实验涉及的主要知识单元】

1. 硬件组成知识预习

有关计算机组装的预备知识，请登录思科网院 www.netacad.com，自主学习 ITE 课程第 3 章的相关内容。也可访问 xxgcxy.yzu.edu.cn 主页，点击"快速链接"中的"计算机中心"，然后点击"ITE 电子教材"。

2. 模拟安装系统的使用

本系统是在火狐浏览器下运行，为保证系统的正常使用，首先需掌握浏览器的基本设置。然后再熟悉本系统的使用方法。

【实验内容与步骤】

一、实验准备工作

1. 安装思科虚拟实验系统 IT Essentials Virtual Desktop

访问 xxgcxy. yzu. edu. cn 主页,点击"快速链接"中的"计算机中心",在"相关软件下载"中点击"台式电脑虚拟实验",将思科虚拟实验系统下载另存到 D 盘,并用解压缩软件解压,解压后的文件夹采用默认文件夹"台式电脑虚拟实验"。

2. 火狐浏览器的配置修改

启动火狐浏览器,单击右上角的 ☰ 按钮,选择"附加组件",在打开的窗口左侧点击"插件",将右侧"Shockwave Flash"后面的"需要时询问"改为"总是激活"。再单击"Shockwave Flash"处的"更多信息",如图 1.1 所示。

图 1.1　浏览器设置

在出现的窗口中将"拦截危险与侵扰性的 Flash 内容"后的"√"去掉。

3. Flash 插件播放设置

点击 Windows 系统的"开始"按钮,选择"控制面板",在打开的"控制面板"窗口右上角单击"类别",选择"小图标"。再单击"Flash Player",在打开的对话框中选择"高级"选项卡,单击"受信任位置设置"按钮,再依次单击"添加"—"添加文件夹"—"确认"按钮,将"台式电脑虚拟实验"文件夹添加为信任即可,如图 1.2 所示。

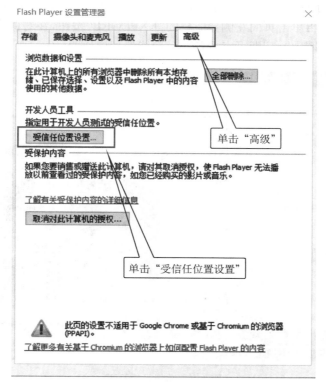

图 1.2　Flash 播放插件的设置

二、熟悉计算机硬件组成及功能

打开"台式电脑虚拟实验"文件夹，右击"Index"文件选择"打开方式"—"Firefox"在火狐浏览器中打开模拟实验环境，进入系统介绍页面，多次单击 ⬤ 按钮向后翻页，进入如图1.3 所示页面。

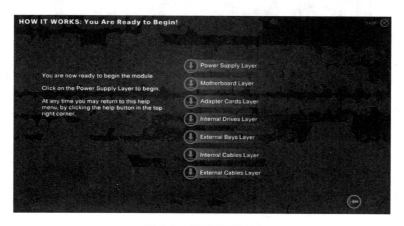

图 1.3　模拟系统页面

　　图 1.3 中列出了计算机硬件的基本组成部分,单击"Power Supply Layer"进入练习页面,如图 1.4 所示。再单击页面左侧导航栏的"EXPLORE"按钮,在右侧出现图 1.5 所示页面,将鼠标指针对准图中"+"即可查看各部分功能的相应说明。

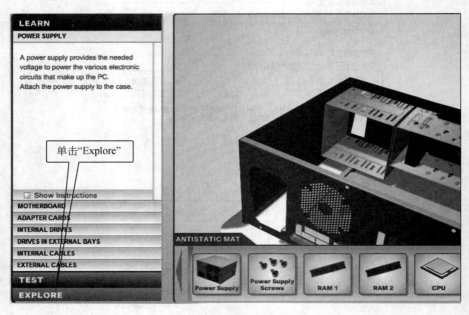

图 1.4　功能导航页面

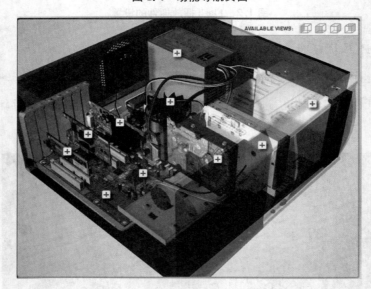

图 1.5　各部分功能详解

三、模拟组装台式计算机

1. 安装机箱电源

在图 1.4 中点击左侧的"LEARN"按钮,打开装机页面如图 1.6 所示。

　　首先安装机箱电源。拖动图1.6"元件列表"中的"Power Supply"（电源）按钮到机箱黄线区域，打开图1.7界面，使用"顺时针"或"逆时针"按钮，调整到合适角度再单击"安装"按钮将电源装入主机箱，再拖动"Power Supply Screws"（电源螺丝）至黄线区域固定电源。单击左侧"OK"按钮完成安装。

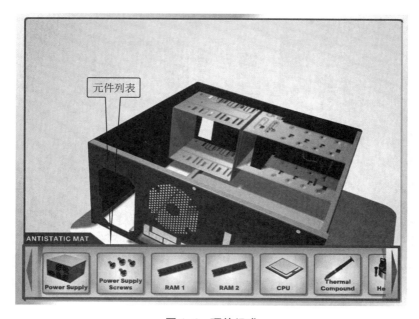

图1.6　硬件组成

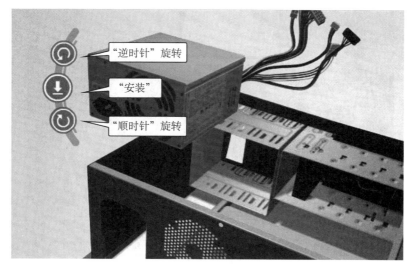

图1.7　电源安装

2. 安装主板、内存、CPU

　　单击图1.4左侧列表中的"MOTHERBOARD"按钮开始安装主板部件。在图1.6中拖动RAM1（内存条）至主板黄线区域，使用"顺时针"或"逆时针"按钮，调整到合适角度再单击"安装"按钮将内存条装入主板,再分别单击内存条两侧的锁扣进行固定,如图1.8所示。用同样的方法安装另一个内存条RAM2。

拖动图1.6"元件列表"中"CPU"到主板的CPU底座上,使用"顺时针"或"逆时针"按钮,调整到合适角度再单击"安装"按钮将CPU装入主板,然后依次单击"CPU盖板"和"CPU压杆"固定好CPU,如图1.9所示。

图1.8   内存条的安装

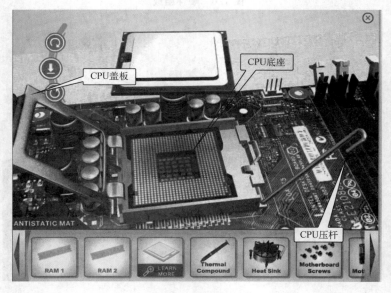

图1.9   CPU的安装

拖动图1.6"元件列表"中"Thermal Compound"(散热膏)到CPU上。

拖动图1.6"元件列表"中"Heat Sink"(散热风扇)到CPU上,单击风扇四周黄线区域的固定按钮锁定风扇,再单击"风扇电源线接口",使用"顺时针"或"逆时针"按钮,调整到合适角度再单击"安装"按钮将"风扇电源"接入主板,如图 1.10 所示。

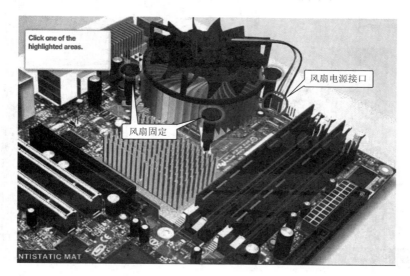

图 1.10　CPU 散热风扇的安装

单击页面右上方"Install Motherboard"按钮,使用"顺时针"或"逆时针"按钮,调整到合适角度再单击"安装"按钮将主板装入主机箱。拖动图 1.6"元件列表"中的"Motherboard Screws"(主板固定螺丝)至主板上完成主板的固定。单击页面左侧"OK"进入下一步安装。

3. 扩展板卡的安装

单击图 1.4 左侧列表中的"Adapt Cards"按钮安装扩展板卡。

拖动图 1.6"元件列表"中"NIC"(Network Interface Card,网卡)到主板上,再从"元件列表"中双击"NIC Screw"(网卡螺丝)完成网卡的安装。

用同样的方法完成"Wireless NIC"(无线网卡)、"Video Adapter"(显卡)的安装,然后单击页面左侧"OK"进入下一步安装。

4. 外设安装

单击图 1.4 左侧列表中的"Internal Drives"按钮安装硬盘。

拖动图 1.6"元件列表"中"HDD"(Hard Disk Drive,硬盘)到机箱内的黄线区域,使用"顺时针"或"逆时针"按钮,调整到合适角度再单击"安装"按钮将硬盘安装好,再双击"元件列表"中"HDD Screws"固定好硬盘,然后单击页面左侧"OK"进入下一步安装。

单击图 1.4 左侧列表中的"Drives In External Bays"按钮安装其他外设。

用同样的方法完成"Optical Drive"(光驱)、"Floppy Drive"(软驱)的安装后单击页面左侧"OK"进入下一步安装。

5. 内部线缆的连接

单击图 1.4 左侧列表中的"Internal Cables"按钮连接机箱内部线缆。

在图 1.11 中单击任一"电源"插头,再单击机箱内部出现的黄线区域,然后使用"顺时针"或"逆时针"按钮,调整到合适角度再单击"安装"按钮连接好电源线。用同样的方法将所有"电源"插头安装好。

图 1.11　"电源"插头安装

　　拖动图 1.6"元件列表"中"PATA Cable"(并行数据线)到机箱黄线区域,使用"顺时针"或"逆时针"按钮,调整到合适角度再单击"安装"按钮,将一端插入主板,然后单击线缆的另一端,再单击页面中光驱处的黄线区域,将另一端插入光驱。

　　用同样的方法安装好"Floppy Cable"(软盘数据线)和"SATA Cable"(硬盘数据线)。然后单击页面左侧"OK"进入下一步安装。

　　6.　外部线缆连接

　　单击图 1.4 左侧列表中的"External Cables"按钮连接外部线缆。

　　拖动图 1.6"元件列表"中"Case Panels"(机箱侧盖板)到机箱黄线区域,再双击"元件列表"中"Panels Screws"(机箱螺丝)对机箱进行封装。

　　拖动图 1.6"元件列表"中"Monitor"(视频信号线)到机箱黄线区域,使用"顺时针"或"逆时针"按钮,调整到合适角度再单击"安装"按钮。

　　用同样的方法分别安装好"Keyboard"(键盘)、"Mouse"(鼠标)、"USB"、"Ethernet"(网线)、"Wireless Antenna"(无线天线)、"Power Cord"(电源线),至此整机安装结束。如图 1.12所示。

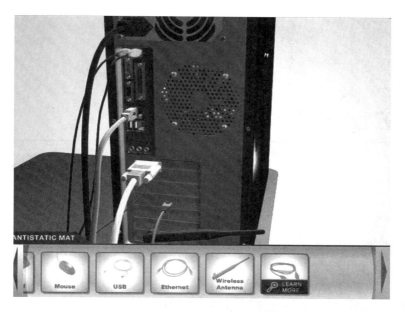

图 1.12　外部线缆安装

四、自我测试

完成上述过程后,可以单击图 1.4 左侧列表中的"Test"按钮进行自我测试,检验是否已完全掌握装机过程。

【实验要求与提示】

1. 在实际组装计算机时,由于机箱有各种大小和配置,购置计算机组件时必须注意与机箱的规格尺寸匹配。

2. 组装计算机必须在断电的情况下进行。

【思考与练习】

1. 在实际组装计算机时,为什么要做好防静电工作? 如何做好防静电工作?

2. 可继续下载安装"笔记本电脑虚拟实验",模拟安装笔记本电脑。

实验 2

个人简历制作

【实验目的与要求】

1. 掌握 Word 字符、段落的格式编排。
2. 掌握图文混排的操作方法。
3. 掌握表格制作排版和表格公式计算方法。

【软硬件环境】

1. 软件环境:Windows 7 操作系统;Office 2010。
2. 硬件环境:处理器双核 1.6 GHz;内存 2 GB 以上;网络能访问 internet 网络。

【实验涉及的主要知识单元】

1. 文本格式编排

Word 中格式编排单位分为字符、段落和节。本实验主要练习字符和段落的格式编排。

2. 图文混排

文档中插入图片、剪贴画和 SmartArt 图形,完成图形的进一步加工处理,形成自己需要的图形效果。

3. 表格制作

特殊表格的制作以及表格格式设置,表格数据计算。

【实验内容与步骤】

一、表格的建立与编辑

1. 建立第 1 张表格表格(如图 2.1 所示)

姓名	王江	性别	男	出生年月	1991.2.14	
籍贯	江苏徐州	民族	汉	政治面貌	党员	照片
身高	175cm	体重	73kg	健康状况	良好	
毕业学校	扬州大学		专业	计算机及其应用		
外语等级	英语·六级		学历	本科	学位	学士
现住址	江苏省徐州市东溪县双桥村			联系电话	18952378899	

图 2.1　第 1 张表格

不规则表格一般是通过对规则表格的合并拆分实现。如图 2.1 所示表格,可以看成是由一个 6 行 7 列表格形成。

① 新建空白文档,点击"插入"选项卡"表格"按钮,选取 6 行 7 列。如图 2.2 所示。

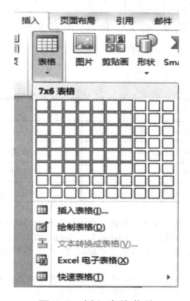

图 2.2　插入表格菜单

② 选定第 4 行第 2 个和第 3 个单元格,点击"布局"选项卡上"合并"功能区的"合并单元格"按钮。采用同样的方法,如图 2.3 所示,合并除照片单元格以外的其他单元格。

③ 输入如图 2.1 所示文字。

④ 选定第 3 列前 3 个单元格,将光标置于单元格区域的右侧边框线上,使光标变成调整宽度光标,按住鼠标左键,向左拖动适当距离,使之刚好容纳文字。

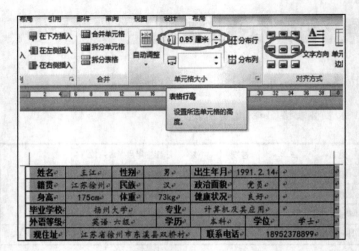

图 2.3　设置行高和对齐方式

　　采用同样的方法，将第 4 列前 5 行的右侧边框线、第 5 列前 3 行右侧边框线、第 6 列前 5 行右侧边框线向左调整到适当位置。

　　⑤ 选定整个表格，在"布局"选项卡的"单元格大小"功能区，将行高设置为：0.85 厘米，并点击"对齐方式"功能区的"水平居中"按钮。如图 2.3 所示。

　　⑥ 选定第 7 列上部 4 个单元格，点击"合并单元格"按钮，并输入文字"相片"。

　　⑦ 如图 2.3 所示，设置标题文本黑体、加粗，内容文本楷体。

　　⑧ 单击窗口左上角的 ■ 图标，保存文档。

2. 建立第 2 张表格（如图 2.4 所示）

学习情况简介	起始时间	学校名称
	1997 年-2004 年	江苏徐州第一小学 小学
	2004 年-2007 年	江苏徐州第一中学 初中
	2007 年-2010 年	江苏徐州第一中学 高中
	2010 年-2013 年	扬州大学‥‥‥‥ 本科
专业特长	①熟悉计算机的工作原理并能处理一般的计算机软、硬件故障，能熟练使用常见的工具软件，如 Office2010、Photoshop7.0、CorelDRWA10.0（图像处理）、AutoCAD2003（建筑绘图）、PageMake（排版）、3DS MAX4.0、网页制作（DreamWeaver、Fireworks、Flash）等应用软件。 ②了解网络有关知识，对于网络的信息查询、资源共享，有一定的实际经验。 ③具有一定的交际能力，富有团队精神、责任心强、爱学习、勇于提高自己，使自己全面发展，能服从管理，为人正直，能吃苦耐劳等！	
所获证书	Windows NT：信息产业部 OA： PageMake 证书；Photoshop NIT： 中级证（操作四级）：大学英语六级级	

图 2.4　第 2 张表格

第 2 张表格整体上看,是一个 3 行 2 列的表格布局。

① 在第一张表格下方按回车键,产生一个新行。点击"插入"选项卡"表格"按钮,选取 3 行 2 列。

② 选定第 1 列,设置列宽 1.19 厘米,并点击"文字方向"按钮和"水平居中"按钮,如图 2.5 所示。

图 2.5 设定列宽和文字方向

③ 设定第 1 行行高 4.05 厘米,第 2 行行高 5 厘米,第 3 行行高 2.4 厘米。

④ 将光标置于第 1 行靠右的单元格。点击"布局"选项卡"合并"功能区"拆分单元格"按钮,弹出拆分单元格对话框,如图 2.6 所示。输入 2 列、5 行,点击确定按钮。

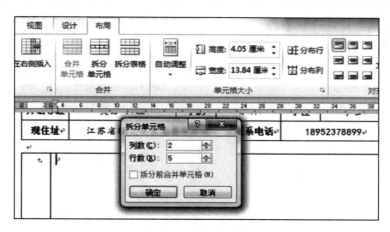

图 2.6 拆分单元格

⑤ 输入表格中的文字,如图 2.4 所示。

⑥ 选择第一行右侧 5 行 2 列单元格区域,点击"水平居中"按钮,选择第 2 行和第 3 行右侧单元格,点击"中部两端对齐"按钮。

⑦ 单击窗口左上角的 ![保存]图标,保存文档。

3. 建立第 3 张表格(如图 2.7 所示)

第 3 张表格实际是由一张 7 行 11 列表格构成。

	课程 学期	C1	C2	C3	C4	C5	C6	C7	C8	总分
学期成绩	第一学期	76	85	93	92	90	82	89	78	
	第二学期	77	76	89	88	93	87	90	92	
	第三学期	80	83	87	89	89	78	79	86	
	第四学期	82	82	86	88	90	90	89	86	
	第五学期	74	80	73	82	84	80	80	81	
	第六学期									

图 2.7　第 3 张表格

① 在第 2 张表格下方按回车键，产生一个新行，点击“插入”选项卡“表格”按钮，选择“插入表格”菜单项，如图 2.8 所示。弹出“插入表格”对话框，如图 2.9 所示。

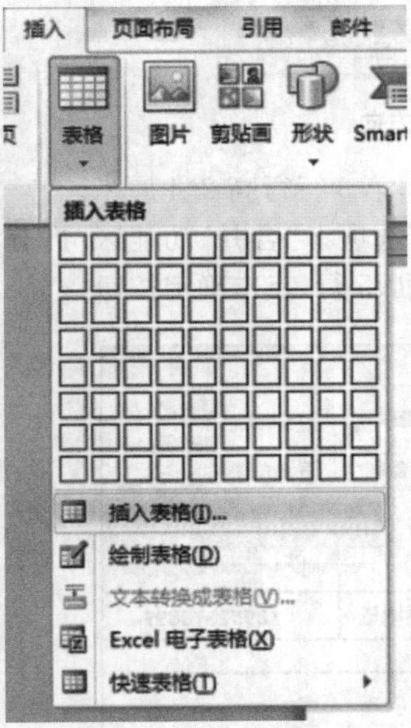

图 2.8　插入表格菜单

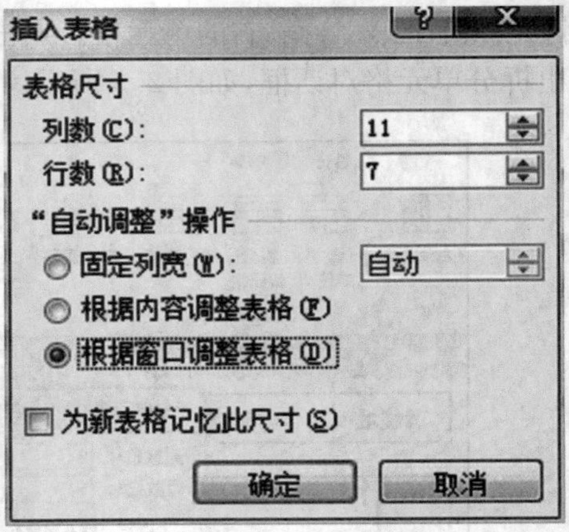

图 2.9　插入表格对话框

② 选择列数为 11 列，行数为 7 行，选择“根据窗口调整表格”，点击确定按钮。

③ 向左调整第 1 列右侧框线，使之与上一表格对齐，调整第 2 列右侧框线，使第 2 列列宽为 3.01 厘米。选定第 3 列到第 11 列，点击“布局”选项卡“单元格大小”功能区右侧的“分布列”按钮。

注意：精确设置列宽可以通过“布局”选项卡，“单元格大小”功能区的“表格列宽”设置。

④ 将光标置于第 2 列第 1 行单元格，按回车键，产生一个新行。将光标移到第 1 行，设置为“右对齐”；将光标移到第 2 行，设置为“两端对齐”。

⑤ 将光标置于第 2 列第 1 行单元格，点击“设计”选项卡“表格样式”功能区右侧“边框”向下的按钮，在打开菜单中选择斜线。如图 2.10 所示。

⑥ 选定第 2 行到第 7 行单元格，设置行高为 0.75 厘米。

⑦ 选定第 1 列单元格,单击"合并单元格",然后再单击"文字方向"。

⑧ 按照图 2.7 输入表格内容。

⑨ 单击窗口左上角的 ■ 图标,保存文档。

图 2.10　表格框线绘制

4. 合并与修饰表格

① 光标置于第 1 张表格和第 2 张表格之间,按 DEL 键,两张表格合并。

② 表格右侧框线没对齐,可以按住鼠标左键拖动第 1、2 张表格右侧框线,使之对齐。采用同样的方法合并第 3 张表格。

③ 将光标置于第一个单元"姓名"前面,按回车键,在表格上方插入一个空行,输入"个人简历",并设置字体:黑体,小二号,居中,段后间距 0.5 行(6 磅)。

④ 选定整个表格,在"设计"选项卡"绘图边框"功能区选择"笔划粗细"为 1.5 磅。然后单击"边框"按钮,选择"外侧框线",如图 2.11 所示。

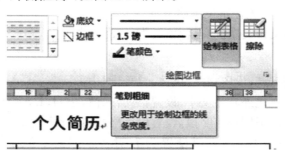

图 2.11　设置笔划粗细

⑤ 选定表格第 6 行,单击"边框"按钮,选择"下框线"。同样的方法,选定"所获证书"所在行单元格。选择"边框"中的"下框线"。

⑥ 单击窗口左上角的 ■ 图标,保存文档。

5. 表格公式计算

① 将光标置于"总分"单元格下方的空白单元格。点击"布局"选项卡"数据"功能区的"公式"按钮,弹出"公式"对话框,如图 2.12 所示。

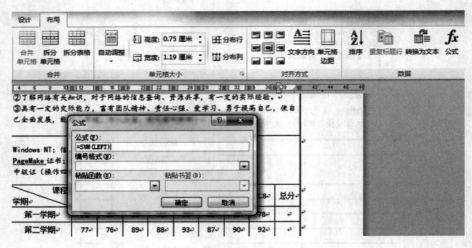

图 2.12　表格公式计算

② 公式文本框默认出现"＝SUM(LEFT)",点击确定按钮,数据自动计算好。

③ 选择公式单元格内容并复制,然后粘贴至其他学期的总分单元格。

④ 将光标置于"第二学期"总分数字中,使数字出现灰色底纹,然后按键盘上 F9 功能键,该单元格数字会自动重新计算左侧数据。采用同样的方法计算第三学期到第六学期总分。

⑤ 单击窗口左上角的 ■ 图标,保存文档。

二、自荐信排版

1. 录入自荐信

① 光标置于表格标题"个人简历"之前,点击"插入"选项卡"页"功能区"分页"按钮,在表格前产生一个新页。将光标定位到第一页。

② 插入实验环境文件夹中的"自荐信文本.txt"文件。

2. 自荐信排版

① 选择标题"自荐信",设置格式:黑体,二号,居中。

② 选择该页除标题之外其他文字,设置格式:宋体,小四,1.5 倍行距。

③ 选择正文第 2 段至倒数第 2 段,设置段落格式:首行缩进 2 字符。

④ 将正文最后一段"自荐人:"设置为右对齐,并输入下划线(英文状态下,按住<Shift>＋<->)。

3. 插入图片

① 点击"插入"选项卡"插图"功能区"图片"按钮,选择"奔马图",单击确定。

② 选定图片,单击右键,快捷菜单中选择"大小和位置",弹出"布局"对话框,如图 2.13 所示。"文字环绕"选择"衬于文字下方"

图 2.13 布局对话框

③ 设置图片位置,水平绝对位置 0.4 厘米,右侧:栏;垂直绝对位置 0.11 厘米,下侧:段落。

④ 设置图片大小,去除"锁定纵横比",高度绝对值 5.19 厘米,宽度绝对值 11.4 厘米。

⑤ 选择图片,单击"格式"选项卡"大小"功能区"裁剪"按钮,在菜单中选择"裁剪",向上拖动下框标记裁剪,如图 2.14 所示。

⑥ 单击窗口左上角的 ⊟ 图标,保存文档。

图 2.14 图片裁剪

三、制作封面

在"自荐信"标题前插入一个分页符,产生一个空白页。

1. 插入 SmartArt 图形

① 点击"插入"选项卡"插图"功能区"SmartArt"按钮,弹出"选择 SmartArt 图形"对话框,选择如图 2.15 所示样式。点击"确定"按钮。

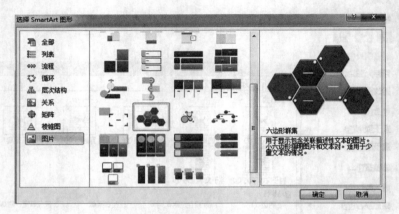

图 2.15　选择 SmartArt 图形对话框

② 点击图片添加按钮 ，从左到右依次添加示例图片库中"灯塔"、"企鹅"、"郁金香",效果如图 2.16 所示。

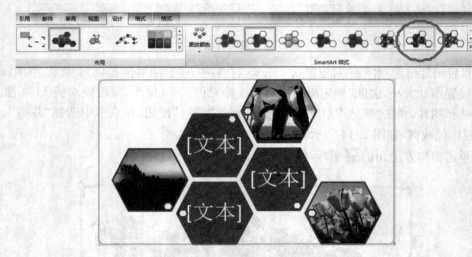

图 2.16　SmartArt 样式

③ 点击"设计"选项卡"SmartArt 样式"功能区的"嵌入"样式。如图 2.16 所示。

④ 点击"设计"选项卡"SmartArt 样式"功能区的"更改颜色"按钮,选择"彩色"行第 3 种配色方案,如图 2.17 所示。

⑤ 右击画布边框,选择"其他布局选项",弹出布局对话框,设置大小,如图 2.18 所示。

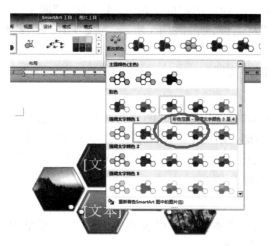

图 2.17 更改颜色

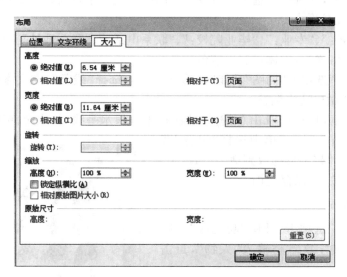

图 2.18 布局对话框

⑥ 选择右边文本六边形图形,单击复制按钮,再单击粘贴按钮,完成如图 2.19 所示图形。

⑦ 通过按住鼠标左键拖动的方式交换左边一组图片 1 和文本图形 2 的位置。如图 2.20 所示。

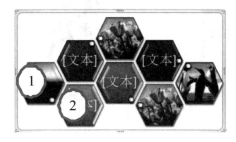

图 2.19 粘贴后的图形布局

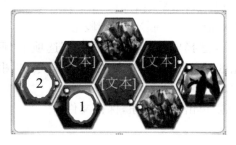

图 2.20 修改图形和文本位置

⑧ 依次在 4 个添加文本的六边形框中输入"个人简历"四个字。

⑨ 打开画布"布局"对话框,如图 2.18 所示,在文字环绕中选择"浮于文字上方",并拖放到适当位置。

⑩ 单击存盘按钮,保存文档。

2. 插入图片

① 单击"插入"选项卡"插图"功能区"图片"按钮,选择"标志.jpg"图片。

② 选择图片,单击右键,在快捷菜单中选择"大小和位置",打开布局对话框。图片位置设置为:浮于文字上方,大小设置为:高度 1.96 厘米,宽度 6.78 厘米。

③ 单击存盘按钮,保存文档。

3. 插入文本框

① 单击"插入"选项卡"文本"功能区"文本框"按钮,在菜单中选择"绘制文本框"菜单项。拖动鼠标,画出一个文本框。

② 选择文本框,在"格式"选项卡"形状和样式"功能区中,形状填充设置为无填充颜色,形状轮廓设置为无轮廓。

③ 输入"姓名:"、"专业:"、"毕业院校:"、"联系电话:"、"联系地址"五行文字。

④ 设置字体格式为:宋体,三号,蓝色。

⑤ 单击"插入"选项卡"插图"功能区"形状"按钮,选择"线条",在文本框右侧画出五根水平线,并对位置做出适当调整。

⑥ 选择文本框,按住＜Shift＞键,再依次点击五根水平线,使之全部选中,在选中图形上单击鼠标右键,在快捷菜单中选择"组合"菜单项,组合图形。并将图形拖放到适当位置。

⑦ 单击存盘按钮,保存文档。

4. 插入剪贴画

① 单击"插入"选项卡"插图"功能区"剪贴画"按钮,在搜索文字文本框输入"人物",点击搜索按钮。

② 双击第一行第一个剪贴画,将剪贴画插入文档中。

③ 选择剪贴画,设置其文字环绕为:浮于文字上方;高度绝对值 11.49 厘米,宽度绝对值 11.29 厘米;水平绝对值－3.6 厘米,右侧栏,垂直绝对值 15.11 厘米,下侧段落。

④ 选择剪贴画,单击"格式"选项卡"调整"功能区"更正"按钮,选择右下角样式,如图2.21 所示。

⑤ 单击存盘按钮,保存文件。

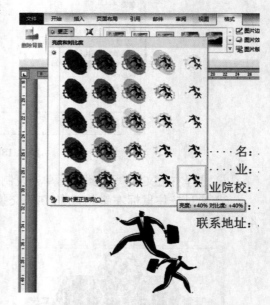

图 2.21　更改剪贴画效果

四、预览文档

　　经过以上操作,该实验所对应的作品已经全部完成,可以点击"视图"选项卡显示比例功能区"显示比例"按钮,在显示比例对话框中,设置显示比例为 50％,将看到三页文档的整体效果,如图 2.22 所示。

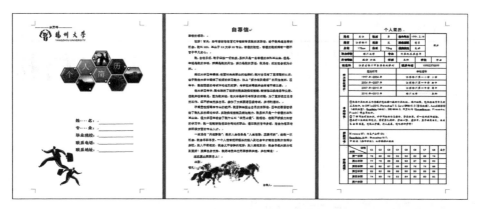

图 2.22　整体效果图

【实验要求与提示】

1. 所有操作均按照操作步骤,步骤中没有说明的均采用默认值。
2. 表格制作时一定要注意其整个页面布局,要求视觉效果良好,美观大方。
3. 封面各组成部分的布局,可通过缩小显示比例观察整体效果实现。

【思考与练习】

1. 表格中公式计算表达式的单元格表示方式有哪些?
2. 在文档中插入对象常见的方法有哪些?
3. 图片裁剪和图片缩放功能是否相同?

实验3

长文档排版

【实验目的与要求】

1. 掌握样式设置与应用技巧。
2. 掌握节的格式编排。
3. 掌握绘制图形、插入公式、插入图表的方法。
4. 掌握页面设置。

【软硬件环境】

1. 软件环境：Windows 7 操作系统；Office 2010。
2. 硬件环境：处理器双核 1.6 GHz；内存 2 GB 以上；网络能访问 internet 网络。

【实验涉及的主要知识单元】

1. 样式

样式是经过特殊打包处理的格式集合，包括字体、字号、颜色、对齐方式、制表位、边距等，使用样式功能可以快速创建为特定用途而设计的样式一致、整齐美观的文档。可以节省设定文档格式的时间，可以确保文档的格式一致，避免格式混乱。

2. 节的格式设置

"节"是文档格式化的最大单位（或指一种排版格式的范围），分节符是一个"节"的结束符号。默认方式下，Word 将整个文档视为一"节"，故对文档的页面设置是应用于整篇文档的。若需要在一页之内或多页之间采用不同的版面布局，只需插入"分节符"将文档分成几"节"，然后根据需要设置每"节"的格式即可。

【实验内容与步骤】

一、长文档格式编排

1. 建立并应用样式

（1）建立标题 1 样式

打开实验环境文件夹文档"课程设计报告文本.doc"，点击"开始"选项卡中右下角 图图标。打开"样式"窗格。如图 3.1 所示。

① 单击样式窗格下部的 图图标。打开"根据格式设置创建新样式"窗口。如图 3.2 所示。

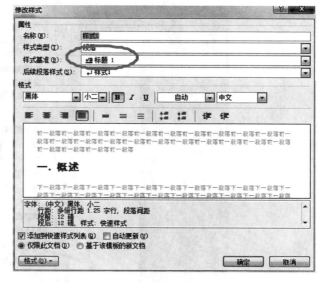

图 3.1　样式窗格　　　　　　图 3.2　"根据格式设置创建新样式"窗口

② 在"样式基准"下拉列表中选择"标题 1"。

③ 设置字体格式，"黑体"，"小二"，"加粗"。

④ 点击下方"格式"按钮，在弹出菜单中选择"段落"菜单项，打开段落设置对话框。设置段落格式，段前、段后间距为 12 磅，行距为"多倍行距"，1.25 倍。

⑤ 点击"确定"按钮。

⑥ 选中一级标题"一. 概述"，点击"样式 1"。采用相同方法，将所有一级标题全部应用。

（2）建立标题 2 样式

① 新建"样式 2"，方法同"标题 1"样式。"样式基准"为"标题 2"，格式为：黑体，三号，加粗，段前、段后间距 6 磅，行距 1.25 倍。

② 将所有二级标题应用"样式 2"。

（3）建立正文样式

① 新建"样式 3"，方法同"标题 1"样式。"样式基准"为"正文"。格式为：宋体，小四，段前、段后间距 0 磅，行距 1.25 倍，首行缩进 2 字符。

② 将所有正文段落应用"样式 3"。

注意：所有表格、图及图注不应用样式。

2. 按章节分页

（1）插入分隔符

① 将光标定位到一级标题"一.概述"行首。

② 点击"页面布局"选项卡中"分隔符"右端向下按钮，弹出菜单，如图 3.3 所示。

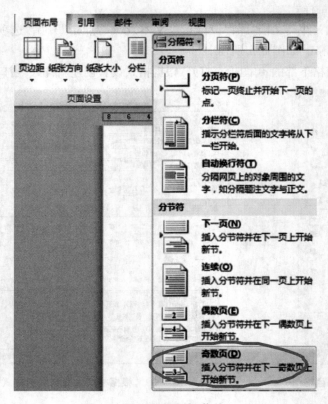

图 3.3 "分隔符"菜单

③ 选择"奇数页"分节符。

④ 将光标定位到一级标题"二.具体模块设计实现"行首，插入分隔符"下一页"。

⑤ 采用同样方法，在其余一级标题前插入"下一页"分节符。

注意："奇数页"分节符与"下一页"分节符的区别在于，"奇数页"分节符将使文档始终从奇数页开始，即每页纸的正面。对于文档中的摘要、目录、正文第一章一般都是奇数页开始。而其余章节只需要每章另起一页就行，所以选择"下一页"分节符。

3. 插入目录页

① 将光标定位到首页"2014 年 7 月 15 日"末尾，插入"奇数页"分节符。

② 在新产生页输入"目录"，然后回车。

③ 点击"引用"选项卡上"目录"按钮，弹出菜单中选择"插入目录"，如图 3.4 所示，打开"目录"对话框，如图 3.5 所示。

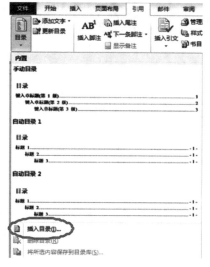

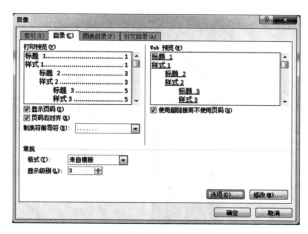

图 3.4　目录菜单　　　　　　　　图 3.5　目录对话框

④ 点击"确定"按钮。

4. 设置页眉页脚

① 将光标定位于一级标题"一. 概述"行首。

② 单击"页面布局"选项卡"页面设置"功能区右下方按钮，打开"页面设置"对话框。如图 3.6 所示。

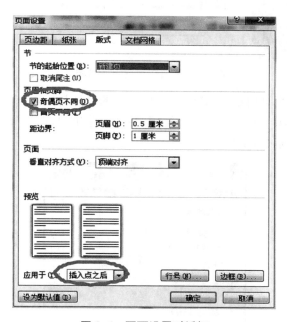

图 3.6　页面设置对话框

③ 选中"奇偶页不同"复选框，"应用于"下拉列表中选择"插入点之后"，单击"确定"。

④ 点击"插入"选项卡中"页眉"按钮，选择"编辑页眉"选项。如图 3.7 所示。

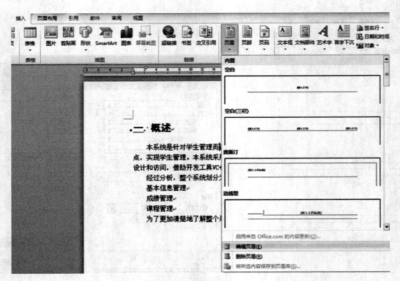

图 3.7　页眉菜单

⑤ 选择第 2 节"奇数页页眉"，点击功能区上"链接到前一条页眉"，取消与上一节相同。如图 3.8 所示。采用同样的方法，将该页页脚、下一个偶数页页眉和页脚，取消与上一节相同。

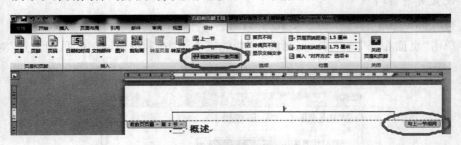

图 3.8　取消页眉与上一节相同

⑥ 在第 2 节奇数页页眉处输入"学生管理系统的设计与实现"。

⑦ 单击"设计"选项卡左边的"页码"按钮，在弹出菜单中，选择"设置页码格式"菜单项，弹出"页码格式"对话框，如图 3.9 所示。

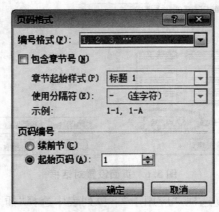

图 3.9　页码格式

⑧ 选择编号格式为"1,2,3,…",起始页码为 1,点击确定按钮。

⑨ 将光标置于"学生管理系统的设计与实现"右边,单击"设计"选项卡左边的页码按钮,在弹出菜单中,选择"当前位置"中"普通数字"。

⑩ 将页眉设置为右对齐,然后将光标置于文字和页码之间,按空格键,直到将文字移到页面中间。如图 3.10 所示。

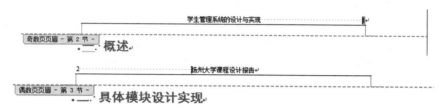

图 3.10　页眉设置效果

采用同样的方法,设置偶数页页眉,页码+"扬州大学课程设计报告"。页码位于文字左边,对齐方式采用左对齐,然后在页码和文本中间用空格键将文字移到居中位置,如图 3.10 所示。设置完毕,点击"关闭页眉和页脚"按钮。

二、插入对象

1. 插入系统结构图

将光标定位于"一. 概述"该章文档最后,按回车键,产生新的一段。

① 点击"插入"选项卡中的"形状"按钮,选择该菜单最底部的"新建绘画布"。

② 选择绘图工具"格式"选项卡左边"插入形状"功能区中的圆角矩形,在绘画布中创建一个圆角矩形。

③ 选择该矩形,点击"格式"选项卡中"形状样式"功能区右下角按钮,打开"设置形状格式"对话框,如图 3.11 所示,完成矩形框格式设置。具体格式为:填充为无填充,线条颜色为实线、黑色,线型宽度为 0.75,文本框垂直对齐方式为中部对齐,内部边距左、右、上、下均为 0 厘米。

图 3.11　设置形状格式

④ 选择该圆角矩形,右击鼠标,在弹出菜单中选择"添加文字"菜单项。如图 3.12 所示。输入文字:学生管理系统。

⑤ 选择该圆角矩形,点击"艺术字样式"功能区右边的"文本填充"按钮,如图 3.13 所示,选择黑色。

⑥ 选择该圆角矩形,按住<Ctrl>键的同时按住鼠标左键拖动复制该图形 3 个,然后分别修改每个圆角矩形框中文字,排列如图 3.14 所示。

⑦ 选择"格式"选项卡"插入形状"功能区的箭头,绘制箭头。然后打开"形状样式"对话框,方法同第③步。设置线条颜色为黑色,线型宽度 0.75 磅,后端类型选择箭头。

⑧ 选择箭头,按住 Ctrl 键的同时按住鼠标左键拖动,复制该图形 3 个,并修改末端指向,如图 3.14 所示。

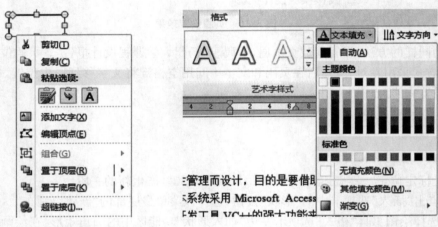

图 3.12　形状快捷菜单　　　　　　　　　图 3.13　文本填充

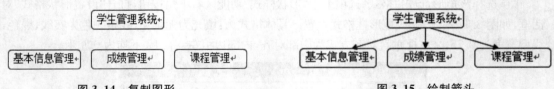

图 3.14　复制图形　　　　　　　　　　　图 3.15　绘制箭头

⑨ 采用同样的方法,绘制下部图形。整体图形如图 3.16 所示。

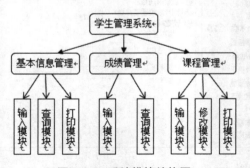

图 3.16　系统模块结构图

2. 插入图表

① 选择表格中全部数据,单击"复制"。将光标置于表格下一行行首,按回车键插入一空行。

② 选择"插入"选项卡"插图"功能区的"图表"按钮,弹出"更改图表类型"对话框,如图 3.17 所示。在左框中选择"折线图",右框选择"带数据标记折线图",点击确定。打开如图 3.18 所示的窗口。

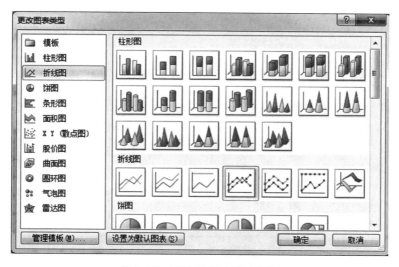

图 3.17　更改图表类型对话框

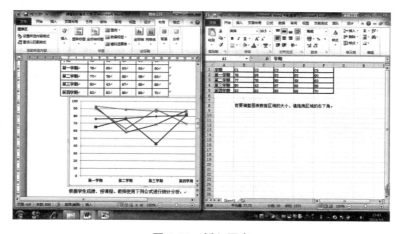

图 3.18　插入图表

③ 将光标置于右边 Excel 窗口左上角单元格,将复制的表格数据选择"匹配目标格式"粘贴。然后关闭右边 Excel 程序。

④ 选择图表,点击"布局"选项卡"标签"功能区的"图表标题"按钮,选择"图表上方",选择图表标题,将文字替换为"学生每学期成绩情况"。

⑤ 点击"图例"按钮,选择"在底部显示图例"。

⑥ 点击文档其他位置,图表插入完成。

3. 插入数学公式

① 将光标置于图表下一行文字末尾,按回车键插入一空行。

② 点击"插入"选项卡"符号"功能区的"公式"按钮,在弹出菜单中选择"插入新公式"。如图 3.19 所示。

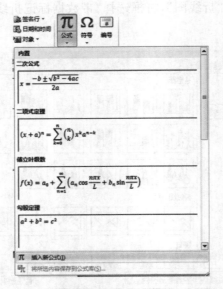

图 3.19 插入公式菜单

③ 进入数学公式编辑状态,并自动出现公式"设计"工具栏,如图 3.20 所示。

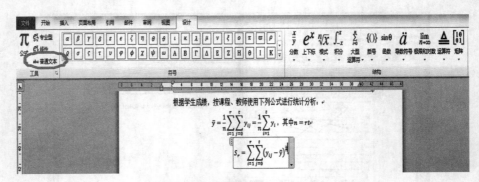

图 3.20 公式输入状态

④ 输入如下两个公式:

$$\overline{y} = \frac{1}{n}\sum_{i=1}^{r}\sum_{j=0}^{t}y_{ij} = \frac{1}{n}\sum_{i=1}^{t}y_i \ \text{其中}\ n = rt$$

⑤ 在公式输入过程中,先在"设计"工具栏找到公式模板,然后定位光标,输入相应内容。

⑥ 在公式外空白处单击,即可退出公式编辑状态,选中它则可返回编辑状态。

注意:第一个公式中",其中"输入前,应点击"设计"工具栏左边的"普通文本"按钮,输入结束再点击,取消普通文本输入状态,回到数学公式输入状态。

三、标注参考文献

在文档最后插入一行文本"参考文献",并设置样式为"样式 1"。

1. 插入尾注

① 选定"系统调试测试可分为单元测试、集成测试、系统测试",单击"引用"选项卡中"脚注"功能区的"插入尾注"按钮,在光标位置输入"软件工程导论,张海藩,北京:清华大学出版社,2003"

② 选定"集成测试是指当把各个经过调试的子系统经过一定的方式方法集成为一个系统后进行的调试",点击"插入尾注",输入"计算机应用基础教程,殷新春,北京:中国计量出版社,2009"。

③ 单击脚注功能区右下角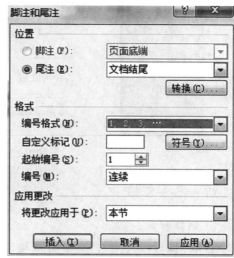图标,打开"脚注和尾注"对话框,如图 3.21 所示,修改标注格式,点击"应用"按钮。

图 3.21 脚注和尾注对话框

2. 修改标注格式

① 将光标置于篇首,点击"开始"选项卡右端"编辑"功能区的"替换"按钮,打开"查找和替换"对话框,点击"更多"按钮展开对话框。如图 3.22 所示。

② 将光标置于"查找内容"文本框,点击对话框下部"特殊格式"按钮,选择"尾注标记"。

③ 将光标置于"替换为"文本框,输入"[]",然后将光标移到两个方括号中间,单击"特殊格式"按钮,选择"查找内容",如图 3.23 所示。

④ 点击"全部替换"按钮。

⑤ 选定尾注部分的序号,单击"开始"选项卡"字体"功能区的"上标"按钮,取消上标状态。如图 3.22 所示。

图 3.22 查找与替换对话框

⑥ 采用同样的方法,取消其余尾注序号的上标状态。

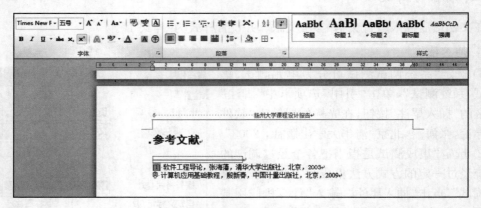

图 3.23 取消序号上标状态

四、完善文档

1. 制作封面

① 在"课程设计报告"文本前插入 5 个空行,选定"课程设计报告"文本,设置字体字号:华文新魏,初号,文本居中。

② 在"学生管理系统的设计与实现"前插入 1 个空行,选定该文本,设置字体字号:楷体,一号,文本居中。

③ 在"学院"前插入 8 个空行,选定"学院……指导教师　姜山教授"五行文本,设置字体字号:宋体,三号。并设置左缩进 8 字符。

④ 在日期前插入 6 个空行,选定日期,设置字体字号:宋体,三号,文本居中。

2. 更新目录

① 将光标置于目录页目录区域,点击"引用"选项卡"目录"功能区"更新目录"按钮。弹出更新目录对话框,如图 3.24 所示。

② 选择"更新整个目录"选项,单击确定。

注意:如果文章的章节标题没有发生变化,则只需要更新页码,因本实验后面增加了"参考文献"一级标题,是在创建目录之后增加的,所以需要更新整个目录。

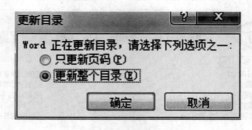

图 3.24 更新目录对话框

3. 预览文档

打印之前,一般要先检查文档的整体效果,然后才能打印,以免因小失误造成浪费。本实验编辑文档整体效果如图 3.25 所示。

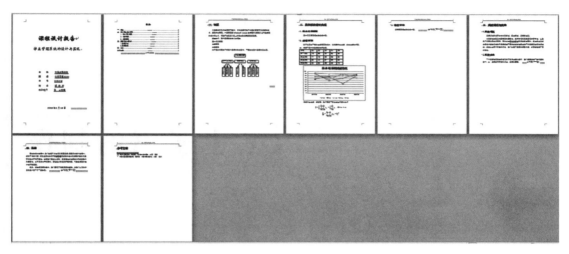

图 3.25　文档整体效果

【实验要求与提示】

1. 先设置样式，再插入目录页，使得 Word 能自动识别各级标题，从而形成正确的目录。

2. 目录创建好之后，无论文章内容怎么变化，最后只需要更新目录。

3. 各种分节符一定要分清楚其功能再进行插入。

4. 页眉页脚可以按节设置，前提是必须取消与上一节相同的设置。

【思考与练习】

1. 如何为样式设置更多的格式？如何将样式应用到其他文档中？

2. 什么是域？Word 文档中哪些以域的形式出现？更新域的方法有哪些？

3. 数学公式中普通文本和数学公式有什么区别？怎样在公式中混合输入普通文本？

4. 插入形状和插入文本框有何区别？

实验 4

PDF 电子书的制作

【实验目的与要求】

1. 掌握 Word 文档的图文混排、页面设置，Word 模板的制作。
2. 掌握图片的编辑加工、拼接、排版方法。
3. 了解 Adobe Acrobat Pro 软件的基本使用方法。
4. 掌握创建、合并、拆分 PDF 文件的方法，掌握超链接和书签的创建。

【软硬件环境】

1. 软件环境：Windows 7 操作系统、Microsoft Office 2010、Adobe Acrobat 9 Pro。
2. 硬件环境：处理器双核 1.6 GHz；内存 2 GB 以上。

【实验涉及的主要知识单元】

1. 在 Word 2010 文档中设置字符、段落、页面格式，并对文档进行图文混排。
2. 在 Word 2010 文档中插入并修饰 SmartArt 图形，并创建 Word 模板文件。
3. 利用 Adobe Acrobat 创建、合并与拆分 PDF 文件。
4. 在 PDF 文件中创建导航书签与超链接。

【实验内容与步骤】

注：由于本实验内容丰富，在实验时可以先做封面、目录，正文可以根据需要选择部分内容进行操作。

一、创建电子书封面

在 D 盘"实验 4"文件夹中,新建 Word 文档,取名为:封面.docx。参照图 4.1 所示。

1. 创建新文档

① 启动 Word 2010 应用程序,新建空文档。

② 单击"文件"选项卡"另存为"命令,设置文件路径:实验 4,文件名:封面。单击"保存",操作完成。

2. 页面设置

① 单击"页面布局"选项卡"页面设置"功能区"页边距"按钮,选择"自定义边距"。

② 在"页面设置"的"页边距"标签中,设置上、下、左、右边距均为 0 厘米。

③ 单击"确定"后弹出"有一处或多处页边距设在了页面的可打印区域之外……"警示框,单击"忽略",操作完成。

3. 图片的插入和设置

① 单击回车键,插入一个空行。将光标置于首行。

图 4.1　"封面"样张

② 单击"插入"选项卡"插图"功能区"图片"按钮,插入"图片"文件夹中"文昌阁.jpg"文件。

③ 单击"图片工具"中"格式"选项卡"位置"按钮,选择"其他布局选项"。

④ 在"布局"对话框中,设置环绕方式:嵌入型,图片宽度:21 厘米。单击"确定"。

4. 文本框的插入和编辑

① 将光标置于新插入的图片下方的回车符前,单击"插入"选项卡"文本框"按钮,选择"简单文本框",输入:扬州——我的家乡。

② 为其设置字号 60 磅、加粗,字体颜色"橙色,强调文字颜色 6"。

③ 选中文本框,单击"绘图工具"中"格式"选项卡"艺术字样式"中"快速样式"第 3 行第 2 列的样式。再单击"艺术字样式"功能区的 按钮,在"设置文本效果格式"对话框中,设置轮廓样式的宽度 2.5 磅。单击"关闭"。

④ 单击"形状样式"功能区的 按钮,在"设置形状格式"对话框中,设置线条颜色:无线条。单击"关闭"。

⑤ 右击文本框,在下拉菜单中单击"其他布局选项"命令,打开"布局"对话框。

⑥ 设置环绕方式:衬于文字下方;图片高度 3 厘米,宽度 18 厘米;水平绝对位置相对于页边距 0.5 厘米,垂直绝对位置相对于页边距 13.8 厘米。单击"确定"。

用上述步骤插入"竹西佳处,淮左名都"文本框。基本设置如下:一号字体,居中。打开"布局"对话框,设置环绕方式:浮于文字上方,图片高度 2 厘米,宽度 9.5 厘米,水平绝对位置相对于页边距 4 厘米,垂直绝对位置相对于页边距 16.8 厘米。通过"绘图工具"的"格式"选项卡,设置形状样式:文本框填充"橙色,强调文字颜色 6",线型宽度 3 磅,阴影、发光和柔化边缘设置如图 4.2 所示;设置艺术字样式:文本填充白色,文本边框白色实线,轮廓样式的宽度 1.5 磅。

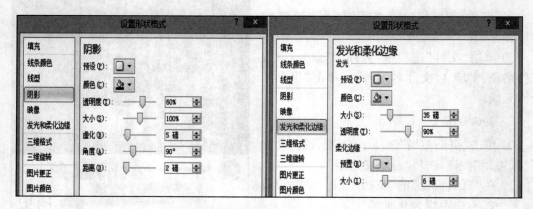

图 4.2 "设置形状格式"对话框

5. 制作 SmartArt 图形

(1)插入 SmartArt 图形

① 单击"插入"选项卡的 SmartArt 按钮,打开"选择 SmartArt 图形"对话框。

② 选择"图片"的第 1 行第 2 列的圆形图片标注,单击"确定",操作完成。

图 4.3 "文本窗格"对话框

(2)编辑 SmartArt 图形

① 在"布局"对话框中,设置环绕方式:衬于文字下方,图形高度 12.8 厘米,宽度 20.6 厘米,水平绝对位置相对于页边距 0.2 厘米,垂直绝对位置相对于页边距 16.8 厘米。

② 单击"SmartArt 工具"的"设计"选项卡"创建图形"功能区"文本窗格"按钮。

③ 弹出对话框,先单击"创建图形"功能区"添加形状"按钮,增加一个项目。依次在对话框的文本区输入:历史、景点、美食、购物。如图 4.3 所示。

④ 依次单击左边的图片图标,分别插入图片:扬州地图. jpg、历史. jpg、景点. jpg、美食. jpg、购物. jpg。最后,单击"关闭"。

⑤ 选中"扬州地图"图片,单击"图片工具"中"格式"选项卡"调整"功能区"颜色"按钮,选择"重新着色"中第 3 行第 4 列"橄榄色,强调文字颜色 3 浅色",选择"艺术效果"中第 4 行第 2 列"纹理化"。

二、编辑电子书目录

在 D 盘"实验 4"文件夹中,新建 Word 文档,取名:目录. doc,内容参照图 4.4 所示。

图 4.4 "目录"样张

1. 创建模板文件

① 在空文档中设置上、下、左、右边距均为 0 厘米。在出现的警示框中单击"忽略"。

② 单击"插入"选项卡"页眉和页脚"功能区"页眉"按钮,选择"空白页眉"。

③ 在页眉区插入图片:背景.jpg,设置图片高度 3.65 厘米,宽度 21 厘米;并单击"页眉和页脚工具"中"设计"选项卡,在"位置"功能区,设置页眉顶端距离 0 厘米。

④ 选中图片下方的回车符,单击"剪切",使得页眉中只有背景图片。

⑤ 在页眉区插入文本框,输入:扬州,设置字号 62 磅,加粗,字体颜色"橄榄色,强调文字颜色 3"。文本框高度 2.9 厘米,宽度 5 厘米,水平绝对位置相对于页面 0 厘米,垂直绝对位置相对于页面 0.3 厘米。

⑥ 右击文本框,在"设置形状样式"对话框中,设置填充颜色:无,线条颜色:无。

⑦ 选中文本框,单击"绘图工具"中"格式"选项卡"艺术字样式"功能区 按钮,在"设置文本效果格式"对话框中,设置"三维旋转"中"预设"为:离轴 1 右。

⑧ 在三维格式中,设置顶端:角度,深度颜色:白色,轮廓线颜色"橄榄色,强调文字颜色 3",材料:粉,照明:平面。如图 4.5 所示。

⑨ 双击正文区,回到正文编辑状态。按回车键,插入新行。选择第 2 个回车符,单击

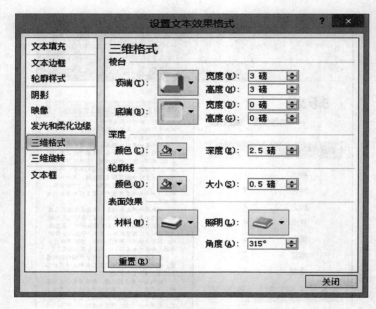

图 4.5　"设置文本效果格式"对话框

"页面布局"选项卡"分栏"按钮,分两栏,加分割线。

⑩ 单击"文件"选项卡"另存为",选择文件类型:Word 模板,文件名:模板,存入"实验4"文件夹中。

2. 编辑文字

① 选中第 2 个回车符,将本节的段落格式设置左、右缩进 2 字符。

② 按图 4.4 所示,从第 2 个回车符开始,分别有序输入相关文字。其中,简介和古诗内容来自文件"目录文本.docx"。

3. 格式化文本

(1) 标题格式化

① 选中"扬州"标题,设置字体隶书、初号、浅绿,首行缩进 0.5 字符,行距固定值 40 磅。

② 选中"——竹西佳处,淮左名都"副标题,设置字体微软雅黑、三号、右对齐,段后距 1.5 行。

③ 选择 3 个小标题"目录……"、"印象……"和"简介……",设置中文字体隶书、英文字体 Tahoma、二号;单击"开始"选项卡"段落"功能区"下框线"按钮旁的下拉按钮,选择"边框和底纹",在"底纹"选项卡中设置填充浅绿色,应用于段落。

④ 选择 7 个目录项,设置字体华文细黑、三号、居中;选择"概述……"行,设置段前距 1行;选择"感谢……"行,设置段后距 1 行。

(2) 正文格式化

① 选中简介的正文内容,设置字体楷体、小四号,首行缩进 2 字符。

② 按图 4.4 所示,选择相关段的第一句,设置加粗格式。

4. 插入图片

① 按图 4.4 所示,在相关位置依次插入图片:徐凝.jpg、李白.jpg、杜牧.jpg 和江泽民题字.jpg。

② 将前 3 张图片设置四周型环绕,最后 1 张图片设置浮于文字上方。

③ 调整 4 张图片到适当大小,并放置适当位置。单击"图片工具"中"格式"选项卡,将第 1 张图片调整颜色饱和度为 0%,在"快速样式"中将图片样式选为"柔化边缘椭圆"。

④ 第 2 张图片调整颜色饱和度为 0%,第 2、3 张设置图片样式为"柔化边缘矩形"。

⑤ 第 4 张图片调整颜色,重新着色"橄榄色,强调文字颜色 3 浅色",图片样式"圆形对角,白色"。

5. 插入形状对象

① 在相应位置分别插入 3 个"矩形标注"形状,将相关文字内容粘贴其中,将形状的箭头分别指向相应的图片。

② 单击"绘图工具"中"格式"选项卡,设置 3 个形状的填充色:无色,形状轮廓颜色"橄榄色,强调文字颜色 3 浅色 40%",文本填充颜色"橄榄色,强调文字颜色 3 深色 25%"。

③ 设置 3 个形状中的文本字体宋体、小五号。

三、编辑排版电子书正文

在 D 盘"实验 4"文件夹中,新建 Word 文档,取名:正文.docx,参照图 4.6 所示。

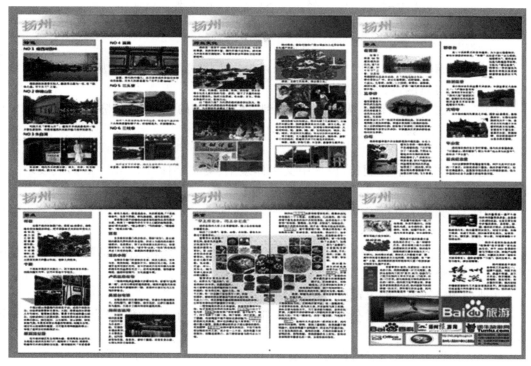

图 4.6　"正文"样张

1. 编辑排版正文 1

(1) 编辑文本

① 双击"模板.dot"文件,新建一个文档,命名:正文.docx。第 2 个回车符之前是第 1 节的一栏格式,第 2 个回车符开始是第 2 节的两栏格式。

② 打开"正文文本. docx"文档,复制从"特色"到"历史文化"之前的文本,粘贴到"正文. docx"的当前页的第 2 节内。

(2) 格式化文本

① 选择"特色"标题行,设置中文字体隶书、英文字体 Tahoma、二号,底纹填充浅绿色。

② 选择以"NO"开头的所有小标题,设置字体微软雅黑、小三号。

③ 其余正文文字首行缩进 2 字符。

(3) 插入图片

① 参照图片文件"正文 1. jpg"的布局,依次插入图片:瘦西湖. jpg、何园. jpg、朱自清. jpg、鉴真. jpg、三头宴. jpg 和三枝春. jpg。

② 适当调整各个图片的位置和大小。

③ 将本页中的左栏设置左缩进 2 字符、右缩进 1 字符;右栏设置左缩进 2 字符、右缩进 2 字符。

④ 将光标置于本页所有内容之后,按<Ctrl>+<Enter>进行分页。

(4) 插入页码

① 插入页码,选择"页面底端"的"普通数字 1",页码数字加粗、居中。

② 设置页码格式,起始页为 2。双击正文区,回到正文编辑状态。

2. 编辑排版正文 2

(1) 编辑文本

① 将新页面中的第 1 个回车符,设置分栏为一栏格式,字体 5 号。从第 2 个回车符开始,设置分栏为等宽两栏、加分隔线。

② 将"正文文本. docx"中从"历史文化"到"景点"之前的文本复制,粘贴到"正文. docx"的当前页的第 2 节内。

(2) 格式化文本

① 选择"历史文化"标题行,设置中文字体隶书、英文字体 Tahoma、二号,底纹填充浅绿色。

② 其余正文文字首行缩进 2 字符。

(3) 插入图片

① 参照图片文件"正文 2. jpg"的布局,依次插入图片:古运河. jpg、扬州八怪. jpg、扬州八怪画. jpg、扬州剪纸. jpg、玉器. jpg、漆器. jpg 和寺庙. jpg。

② 适当调整各图片的位置和大小。

③ 将本页中的左栏设置左缩进 2 字符、右缩进 2 字符;右栏设置左缩进 1 字符、右缩进 2 字符。

④ 将光标置于本页所有内容之后,按<Ctrl>+<Enter>进行分页。

3. 编辑排版正文 3 和正文 4

(1) 编辑文本

① 将新页面中的第 1 个回车符,设置分栏为一栏格式,字体 5 号。从第 2 个回车符开始,设置分栏为等宽两栏、加分隔线。

② 将"正文文本. docx"中从"景点"到"美食"之前的文本复制,粘贴到"正文. docx"的当

前页的第 2 节内。

（2）格式化文本

① 选中粘贴过来的全部文本，设置左、右缩进 2 字符。

② 选择"景点"标题行，设置中文字体隶书、英文字体 Tahoma、二号，底纹填充浅绿色。

③ 选择所有小标题，设置华文琥珀、三号、绿色。

④ 将剩余的正文文字首行缩进 2 字符。

⑤ 复制"景点"标题行，粘贴至"何园"标题前，并在"景点"前进行分页。

⑥ 在"景点"行前插入新行，并设置该新行字体 5 号，分栏格式为一栏。

（3）插入图片

① 参照图片文件"正文 3.jpg"和"正文 4.jpg"的布局，依次插入图片：长堤春柳.jpg、五亭桥.jpg、白塔.jpg、熙春台.jpg、盆景.jpg、大明寺.jpg、片石山房.jpg、个园.jpg 和扬州运河.jpg。

② 适当调整各图片的位置和大小，设置所有图片四周型环绕方式，根据需要选择图片样式、图片效果。

③ 将光标置于所有内容之后，按<Ctrl>＋<Enter>进行分页。

4．编辑排版正文 5

（1）编辑文本

① 将新页面中的第 1 个回车符，设置分栏为一栏格式，字体 5 号。从第 2 个回车符开始，设置分栏为等宽两栏、加分隔线。

② 将"正文文本.docx"中从"美食"到"购物"之前的文本复制，粘贴到"正文.docx"的当前页的第 2 节内。

（2）格式化文本

① 选中粘贴过来的全部文本，设置左、右缩进 2 字符。

② 选择"美食"标题行，设置中文字体隶书、英文字体 Tahoma、二号，底纹填充浅绿色。

③ 选择"早上皮包水，晚上水包皮"行，设置华文琥珀、三号、绿色。

④ 将剩余的正文文字首行缩进 2 字符。

⑤ 选择正文中的部分美食名，设置字体加粗，文本填充"橄榄色，强调文字颜色 3"，文本边框白色实线，轮廓样式宽度 0.75 磅。参照图片文件"正文 5.jpg"。

（3）插入图片

① 参照图片文件"正文 5.jpg"，插入图片：美食集景.jpg。

② 单击"图片工具"中"格式"选项卡，选择"图片效果"，设置发光"橄榄色，18pt 发光，强调文字颜色 3"。

③ 适当调整图片的位置和大小，设置图片紧密型环绕方式，并设置编辑环绕顶点，根据心形样式，调整环绕顶点的位置。

④ 将光标置于所有内容之后，按<Ctrl>＋<Enter>进行分页。

5．编辑排版正文 6

（1）编辑文本

① 将新页分为 3 个节。选中第 1 个回车符，设置分栏为一栏格式，字体 5 号。选定第 2

个回车符,设置分栏为等宽两栏、加分隔线。选定第 3 个回车符,设定分栏为一栏格式。

② 将"正文文本.docx"中从"购物"开始的文本复制,粘贴到"正文.docx"的当前页的第 2 节内。

(2) 格式化文本

① 选中粘贴过来的全部文本,设置左、右缩进 2 字符。

② 选择"购物"标题行,设置中文字体隶书、英文字体 Tahoma、二号,底纹填充浅绿色。

③ 将正文文字首行缩进 2 字符。

(3) 插入图片

① 参照图片文件"正文 6.jpg"的布局,依次插入图片:牛皮糖.jpg、剪纸.jpg、三把刀. jpg、扬州酱菜.jpg、谢馥春.jpg、扬州漆器.jpg。在第 3 节中插入图片:感谢.jpg。

② 适当调整所有图片的位置和大小,设置除"感谢"以外的所有图片四周型环绕方式。

四、PDF 电子书的创建

1. 创建 PDF 文件

① 双击 Adobe Acrobat 9 Pro 图标,打开 Adobe Acrobat Pro 程序窗口。

② 选择"文件"中"创建 PDF",单击"从文件"命令,选择"封面.docx",单击"打开"。

③ 在"另存为"对话框中,输入 PDF 文件名:封面,最后单击"保存"。

④ 在转换过程中,会出现警示框提示"页边距设于可打印区域之外。是否继续?",单击 "是"。会显示"正在打印"对话框及"PDF 进度"对话框等,如图 4.7 和 4.8 所示。

图 4.7 "正在打印"对话框

图 4.8 "正在创建 PDF"进度框

⑤ 转换成功后,窗口中显示 PDF 文件。

使用相同方法分别将"目录.docx"、"正文.docx"转换"目录.pdf"、"正文.pdf"。

2. 合并 PDF 文件

① 打开 Adobe Acrobat Pro 程序窗口,选择"文件"中"合并",单击"合并文件到单个 PDF"命令,弹出"合并文件"对话框。

② 在"合并文件"对话框中,既可以通过"添加文件"按钮依次添加:封面.pdf、目录. pdf、正文.pdf 文件,也可以打开资源管理器,直接将三个文件依次拖入列表中。

③ 如果添加的文件次序不合要求,可以利用对话框中的"上移"或"下移"按钮调整 次序。

④ 单击"合并文件"按钮,在"另存为"框中,输入 PDF 文件名:电子书,单击"保存"。

⑤ 转换成功后,窗口中显示合并后的 PDF 文件。

3. 创建超链接

① 选择"目录"页面作为当前页,选中古诗名:忆扬州,右击后选择"创建链接"命令,弹出"创建链接"对话框,如图 4.9 所示。

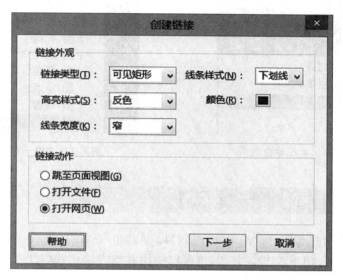

图 4.9　"创建链接"对话框

② 在对话框中,选择线条样式下划线,颜色蓝色,单击链接动作的"打开网页",单击"下一步",弹出"编辑 URL"对话框。

③ 在对话框的 URL 栏中,输入地址:http://baike.baidu.com/view/999040.htm。单击"确定",完成设置。

④ 选中"简介"标题行下面的"扬州",用相同方法,在输入链接的 URL 栏中输入:http://wb.yangzhou.gov.cn/smjwy/201111/ef4c4827d0524772a6d618b2ef4d3f4b.shtml。单击"确定",操作完成。

4. 添加书签

① 在 Adobe Acrobat Pro 程序窗口中打开文件:电子书.pdf,单击左边的书签▊按钮,出现如图 4.10 所示的窗口。

② 单击"正文"标签,再单击"新建书签"▊按钮,新增一行书签,改名为"特色"。

③ 单击"特色"标签,拖动至主标签"正文"的右下方(即出现黑三角的位置),"特色"即被设置为"主页"的子标签。

④ 单击"特色"标签,将 PDF 文件中的"历史文化"页面作为当前页,单击"新建书签"▊按钮,将新增的书签改名为"历史文化"。

⑤ 按图 4.11 所示,用相同的方式添加子标签。制作完成,利用书签可以快速导航。

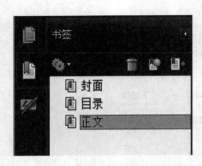

图 4.10　主标签窗口

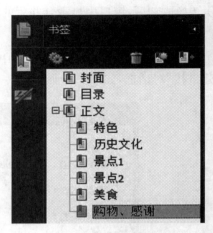

图 4.11　"电子书"书签

【实验要求与提示】

1. 本实验使用熟悉的 Word 字处理软件，创建电子书的 Word 文档，再利用 Adobe Acrobat 将其转换成 PDF 文件。其实，也可以使用其他方法创建电子书。比如 Word 2010 本身就能将文档另存为 PDF 文件。

2. 在使用 Word 创建文档时，重点在图文混排上，既要熟悉文绕图的多种方式，也要熟练使用 Word 2010 中的图片样式的设置及调整，使得图片呈现各种不同的显示效果。

3. Word 2010 中新增的功能，比如 SmartArt 图形，如果将格式转换成低版本的文档，这些新增功能将会丢失。

4. 通过在 Word 2010 文档中使用分节符，可以把 Word 文档分成两个或多个部分，每一个部分就为一节，在每一个节中可以进行不同页面设置。

5. 超链接可以在 Word 文档中直接创建，但是使用 Adobe Acrobat 9 Pro 版本转换成 PDF 格式后，超链接就不起作用了。可利用 Adobe Acrobat 9 Pro 程序为部分文本对象等创建链接。

【思考与练习】

1. Word 2010 文档中底纹的设置方法是什么？应注意什么问题？

2. 在文档中可以插入分节符，也可以删除分节符。怎么才能删除分节符呢？在 Word 中如何显示所有格式标记？

3. 利用 Word 2010 的屏幕截图，在文档中如何插入正在操作的部分屏幕窗口？

4. 如何对 Word 2010 文档中的图片重新着色，更改图片亮度和对比度，设置三维旋转和发光效果？

5. 自行创建一个介绍自己家乡的电子书。

实验 5

文件的删除与恢复

【实验目的与要求】

1. 了解文件的存储与删除机制。
2. 掌握文件的删除与恢复技巧。

【软硬件环境】

1. 软件环境：Windows 7 操作系统；360 安全卫士或 360 杀毒；RecoveryDesk 文件恢复软件。
2. 硬件环境：处理器双核 1.6 GHz；内存 2 GB 以上；网络能访问 internet 网络。

【实验涉及的主要知识单元】

1. 文件的存储机制

存储某个文件时，操作系统首先在记录所有空间使用情况的文件分配表（FAT）中找到足够容纳文件的空间，然后把文件内容写到相对应的硬盘扇区上，并在文件分配表中标出该空间已经被占用。

2. 文件的删除机制

删除某个文件时，一般并不对该文件所占用的扇区进行操作，而仅仅是在文件分配表中将其所占用的存储空间标记为空闲，以便系统将来分配给其他文件使用。此时，被删除文件的内容实际上仍然存在，因此可以被恢复。

如果删除文件后又创建了新文件，那么被删文件所占用的扇区就有可能被新文件所使用，从而覆盖原有数据导致无法恢复。

所以一旦误删除了文件，就不要再对该文件所在的分区进行写入操作。

【实验内容与步骤】

一、文件的删除

1. 删除文件,放入回收站

（1）按 Del 键删除文件

打开 D 盘中的"实验 5"文件夹,选中待删除的文件"我的家乡.doc"后,直接按 Del 键,将弹出对话框如图 5.1 所示。

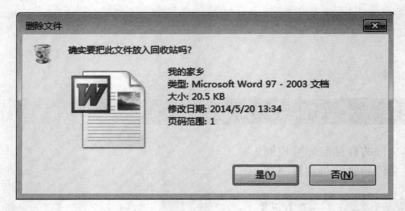

图 5.1　删除文件

点击按钮"是(Y)",待删除的文件将被删除,且被放置在回收站中。

（2）用鼠标右键删除

选中待删除的文件"仁丰里.doc"后,按鼠标右键,从快捷菜单中选择"删除"命令,弹出的对话框与图 5.1 类似,点击按钮"是(Y)",文件被删除至回收站中。

放置在回收站中的文件,可以被永久性地删除。双击桌面的"回收站"图标,在打开的"回收站"对话框中右击待永久删除的文件"仁丰里.doc",从快捷菜单中选择执行"删除"命令,该文件被永久删除,如图 5.2 所示。

图 5.2　右键删除的快捷菜单

2. 删除文件,不放入回收站

选中待删除的文件"东关街.doc",按<Shift>+<Del>键,将弹出对话框如图 5.3 所示,点击按钮"是(Y)",文件被删除且不放入回收站中,如图 5.3 所示。

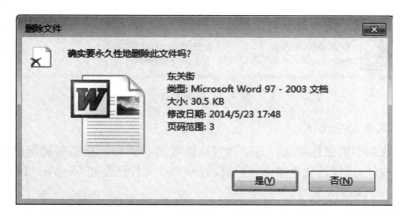

图 5.3　永久性删除文件

二、文件的恢复

1. 回收站中文件的恢复

双击桌面的"回收站"图标,在打开的"回收站"对话框中右击待恢复的文件"我的家乡. doc",从快捷菜单中选择执行"还原"命令,该文件将恢复到原文件夹中。此时,在 D 盘的"实验 5"文件夹中可以找到该文件。如图 5.4 所示。

由此可以看出,直接按 Del 键或执行快捷菜单中的删除命令,并没有真正删除文件,只是将文件转移到了回收站中,而回收站中的文件是可以直接恢复的。

执行回收站中的"清空回收站"命令,将永久删除回收站的所有文件和文件夹。建议慎重使用该命令,以防止一些有用文件的丢失。

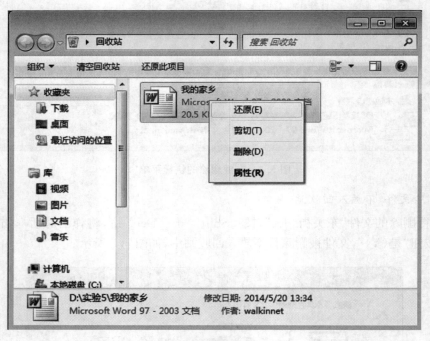

图 5.4　还原文件

2. 恢复永久删除的文件

未放入回收站中的已删除文件是不能直接恢复的。若要恢复那些被误删的文件,必须借助一些工具软件,这样的软件很多,这里仅介绍 360 文件恢复和 RecoveryDesk 两款软件。

（1）使用 360 文件恢复

① 永久删除"实验 5"文件夹中的"拔根芦柴花－扬州民歌. mp3"和"文昌夜色"文件夹。

② 如果机器安装了"360 安全中心",则可以通过"360 安全卫士"或"360 杀毒"的"功能大全"启动"360 人工服务",如图 5.5 所示。在"查找方案"文本框中输入"文件恢复",在下面的列表框中选择"文件被误删"后,点击"立即恢复"按钮。

图 5.5　360 文件恢复

软件弹出对话框如图所示 5.6 所示。

图 5.6　立即恢复误删的文件

③ 点击"立即恢复误删的文件"按钮后，出现"360 文件恢复"窗口，如图 5.7 所示。

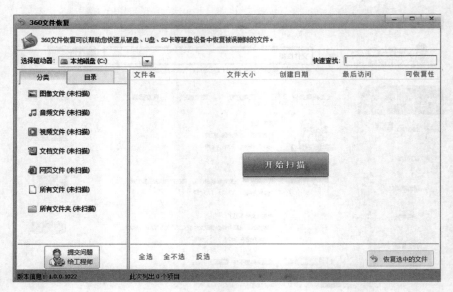

图 5.7　360 文件恢复界面

④ 在"选择驱动器"下拉列表框中选择 D 盘,然后点击"开始扫描"。已删除的文件将在右侧的窗口中列表输出,如图 5.8 所示。

图 5.8　已删除文件列表

⑤ 选择待恢复的文件后,点击右下角的"恢复选中的文件"按钮,弹出选择恢复位置的对话框,如图 5.9 所示。

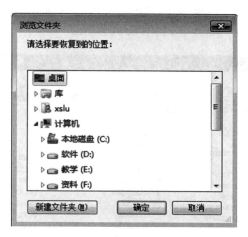

图 5.9 选择恢复文件存放的位置

⑥ 选择或新建一个文件夹,用来存放恢复的文件。存放恢复文件的文件夹必须在另外一个磁盘或 u 盘上。这里选择"桌面"。

(2) RecoveryDesk

① 永久删除"实验 5"文件夹中的文件"烟花三月—吴涤清. mp4"、"茉莉花—扬州民歌. mp3"和"扬州旧梦寄语堂. doc"等 3 个文件。

② 将软件 RecoveryDesk3. 4 复制到桌面,解压后打开文件夹。

注:此时不能对误删文件所在的磁盘作任何写入操作! 因此这里将 RecoveryDesk3. 4 软件复制、解压到桌面上。

③ 双击运行软件 RecoveryDesk,出现如图 5.10 所示的界面。

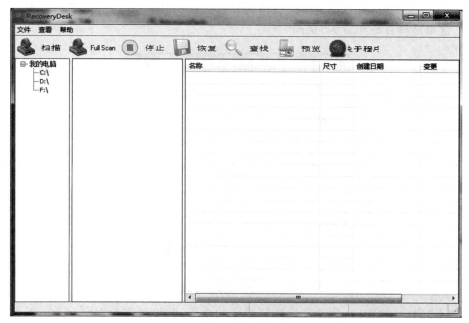

图 5.10 RecoveryDesk 软件界面

　　④ 选择误删文件所在的 D 盘,然后点击左上角的"扫描"按钮,软件开始扫描已删除的文件及文件夹。展开文件夹"实验 5",如图 5.11 所示。

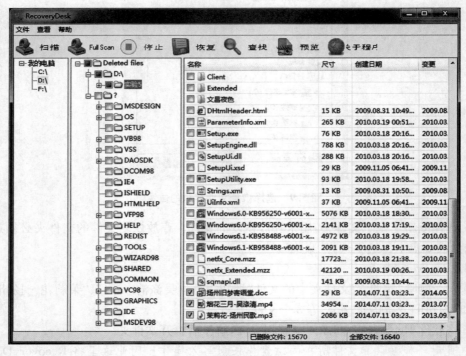

图 5.11　扫描出的误删文件

　　⑤ 选择需恢复的"烟花三月-吴涤清. mp4"、"茉莉花-扬州民歌. mp3"和"扬州旧梦寄语堂. doc"等 3 个文件后,点击"恢复"按钮,弹出对话框如图 5.12 所示,选择恢复文件存放的位置。这里选择存放位置为"桌面"。

图 5.12　选择恢复文件存放的位置

　　⑥ 点击"确定"按钮后,软件开始恢复误删的文件,并将其存放在桌面上。屏幕弹出恢复成功的信息框,如图 5.13 所示。此时桌面上已新建了一个"实验 5"文件夹,打开该文件

夹,你会发现,误删的文件已经恢复了。

图 5.13　恢复成功

【实验要求与提示】

1. 数据恢复过程中最怕因误操作而造成二次破坏,使得恢复难度陡增。数据恢复过程中,禁止往源盘里面写入新的数据。

2. 不要把数据直接恢复到源盘上。很多普通用户删除文件后,用一般的软件恢复出来的文件直接还原到原来的目录下,这样破坏原来数据的可能性非常大,所以严格禁止直接还原到源盘。

3. 不要做 DskChk 磁盘检查。文件系统出现错误后,系统会提示是否需要做磁盘检查,该操作可能会破坏数据。

4. 不要再次格式化分区,再次格式化是非常严重的错误操作,可能造成永久性损坏无法恢复。

5. 不要进行重建分区操作,分区表破坏或者分区丢失后,在数据恢复以前严禁使用工具软件重建分区。必须在数据恢复完毕后再进行类似操作。

【思考与练习】

1. 如何才能做到被删除的文件不被恢复,以防范信息泄露。

2. 既然被删除的文件可以恢复,那么备份文件的习惯是否还有意义。

实验 6

文件及文件夹的加密

1. 了解加密的概念,增强保密意识。
2. 掌握文件及文件夹的加密技巧。

1. 软件环境:Windows 7 操作系统;WinRAR 压缩;360 安全卫士和 360 密盘。
2. 硬件环境:处理器双核 1.6 GHz;内存 2 GB 以上;网络能访问 internet 网络。

1. 密码组成规则

(1) 密码长度一般在 6~12 个字符之间为宜。

(2) 尽量使用大写字母、小写字母、数字和特殊字符相结合的方式。

2. 密码设置技巧

(1) 不要为所有的帐号设置同一个密码。

(2) 杜绝使用弱密码,如 123456,aabcdef,qwerty,出生年月和电话号码等。

(3) 避免使用有规律的字母或数字组合。

(4) 将 QQ、Email 等使用频度很高的普通网络帐号密码与网银、支付宝等财务类帐号密码按不同的规律设置。

████▶【实验内容与步骤】

一、使用 Word 自带的功能加密 Word 文档

1. 为文档设置"编辑限制"

① 打开"实验 6"文件夹中的"扬州的夏日.docx"文档,单击"审阅"选项卡中"保护"功能区的"限制编辑"按钮,将在文档窗口的右侧出现"限制格式和编辑"窗口。

② 选择"1.格式设置限制"或"2.编辑限制"后,"3.启动强制保护"选项的"是,启动强制保护"按钮由灰色变为黑色,也即由禁止变为启用。如图 6.1 所示。

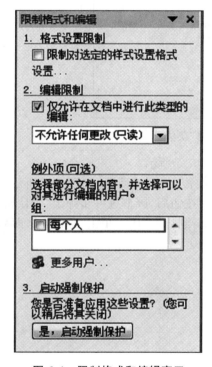

图 6.1　限制格式和编辑窗口

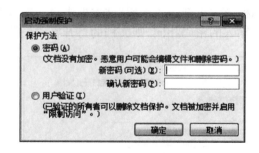

图 6.2　启动强制保护对话框

③ 单击"是,启动强制保护"按钮,屏幕弹出"启动强制保护"对话框,如图 6.2 所示。

④ 在"新密码(可选)(E)"文本框中输入自己设定的一个密码,并在"确认新密码(P)"文本框中再次输入刚设定的密码,然后单击"确定"按钮。若两次输入的密码相同,则文档已经处于编辑限制状态,不能对文档再作任何修改。此时,在"限制格式和编辑"窗口的底部出现一个"停止保护"按钮。

⑤ 如需取消"编辑限制",可以单击"停止保护"按钮,屏幕弹出"取消保护文档"对话框,如图 6.3 所示。输入设置的密码,文档的编辑限制被取消,可以正常编辑。这样就可防止文档内容被篡改。

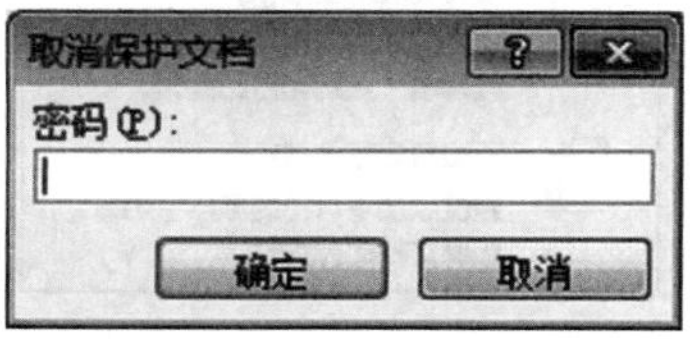

图 6.3　取消保护文档对话框

2. 为文档设置打开密码

① 单击"文件"选项卡中的"信息"选项,如图6.4所示。

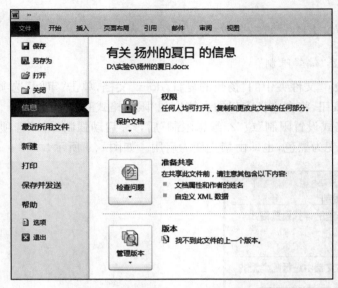

图 6.4 "文件"菜单中的"信息"菜单项

② 单击"保护文档"功能区,出现其下拉菜单,如图6.5所示。

③ 单击"用密码进行加密"菜单项后,屏幕弹出"加密文档"对话框,如图6.6所示。在"密码"文本框中输入设定的文档打开密码,单击"确定"按钮后,屏幕进一步弹出"确认密码"对话框,在"重新输入密码"文本框中再次输入设定的文档打开密码。单击"确定"按钮后,若两次输入的密码相同,则文档的打开密码设置成功。

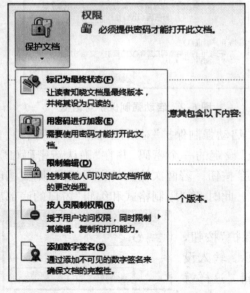

图 6.5 "保护文档"的下拉菜单

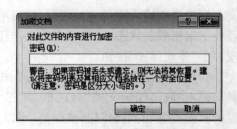

图 6.6 "加密文档"对话框

④ 单击"保存"按钮,将文档"扬州的夏日. docx"保存后退出 Word。

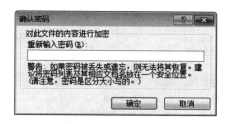

图 6.7　"确认密码"对话框

⑤ 再次打开"扬州的夏日. docx"文档,屏幕出现打开密码对话框,如图 6.8 所示。 只有输入正确的密码,文档才能被打开,否则文档打不开。 这样就可防止文档内容的外泄。

图 6.8　打开密码对话框

二、使用 WinRAR 软件加密文件或文件夹

① 鼠标右击"实验 6"文件夹中的"扬州美景"文件夹,出现如图 6.9 所示的快捷菜单。

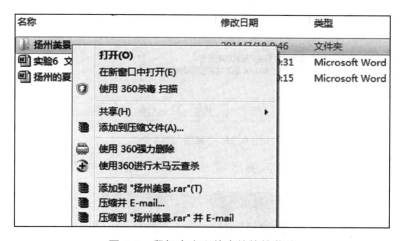

图 6.9　鼠标右击文件夹的快捷菜单

② 单击"添加到压缩文件(A)…"菜单项,出现"压缩文件名和参数"设置窗口,如图 6.10 所示。

③ 单击"高级"选项卡,如图 6.11 所示。

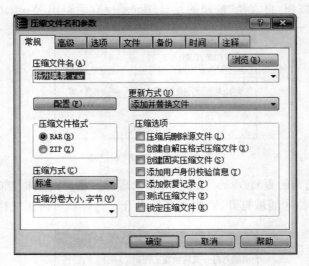

图 6.10　"压缩文件名和参数"设置窗口

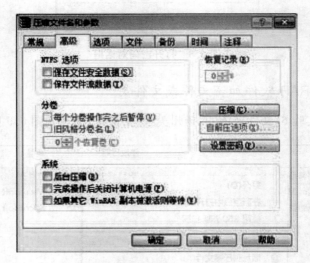

图 6.11　"高级"选项卡

④ 单击"设置密码(P)…"按钮，弹出"带密码压缩"对话框，如图 6.12 所示。

图 6.12　"带密码压缩"对话框

　　输入设定的密码并再次输入确认后,单击"确定"按钮,WinRAR 软件开始对文件夹进行压缩。压缩成功后,"实验 6"文件夹中产生一个"扬州美景. rar"文件。

　　⑤ 双击"实验 6"文件夹中的"扬州美景. rar"文件,将其解压到桌面。操作过程中,屏幕将弹出"输入密码"对话框,如图 6.13 所示。输入正确的密码才能将文件解压。

图 6.13　"输入密码"对话框

　　尽管 WinRAR 是打包压缩工具软件,但其提供的带密码压缩功能可以实现对单个文件或多个文件的加密操作。注意,带密码压缩后,应将原文件删除。

三、使用 360 密盘

　　360 密盘是在用户电脑上创建的一块加密磁盘区域。用户可以将需要保护的私密文件存放在 360 密盘中。360 密盘使用 128 位 AES 高强度加密算法对文件进行加密,破解十分困难。用户使用自己的账号和密码登录后,才能解密使用相关文件。360 密盘是免费产品,不需要支付任何费用。使用 360 密盘前必须预先安装 360 安全卫士。

　　① 登陆 360 密盘首页(http://www. 360. cn/mipan/),下载 360 密盘软件 Mpsetup. exe("实验 6"文件夹中已提供此软件)。双击 Mpsetup. exe,按提示进行安装。安装完成后,屏幕出现 360 密盘信息框,如图 6.14 所示。

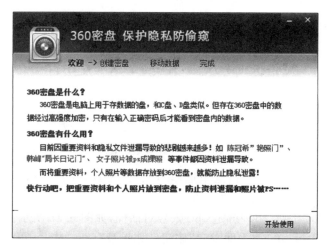

图 6.14　360 密盘信息框

　　② 单击"开始使用"按钮,出现 360 密盘密码设置对话框,如图 6.15 所示。

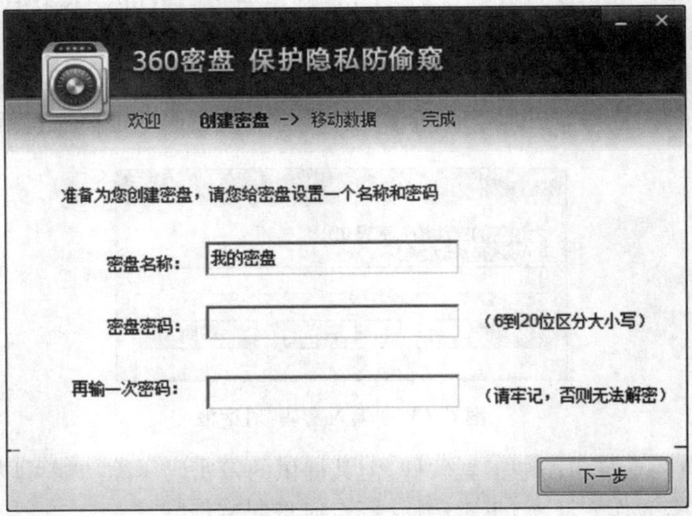

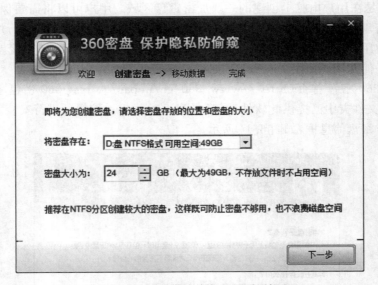

图 6.15　360 密盘密码设置对话框

③ 设置 360 密盘的密码后，单击"下一步"按钮，出现 360 密盘参数设置对话框。

图 6.16　360 密盘参数设置对话框

④ 设置 360 密盘所在的位置（这里选择 D 盘）及密盘空间大小后，单击"下一步"按钮，出现 360 密盘设置成功的信息框，如图 6.17 所示。

⑤ 单击"下一步"按钮，出现绑定 360 帐号对话框，如图 6.18 所示。

输入帐号和密码后，单击"立即绑定"按钮。如果没有 360 帐号，可先进行免费注册。如不绑定 360 账号，密码忘记后将无法解密。绑定 360 账号后，出现移动待保护文件的窗口，如图 6.19 所示。

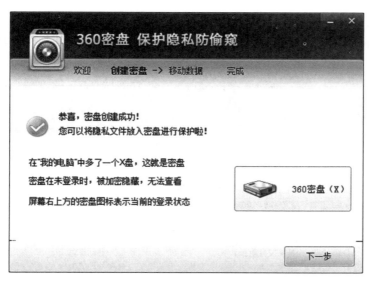

图 6.17　360 密盘设置成功信息框

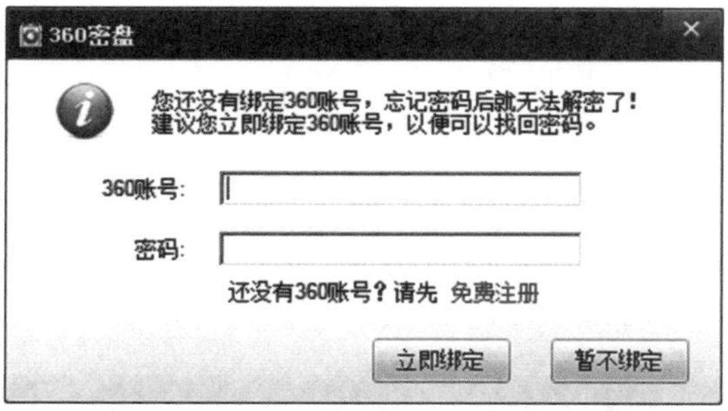

图 6.18　绑定 360 账号对话框

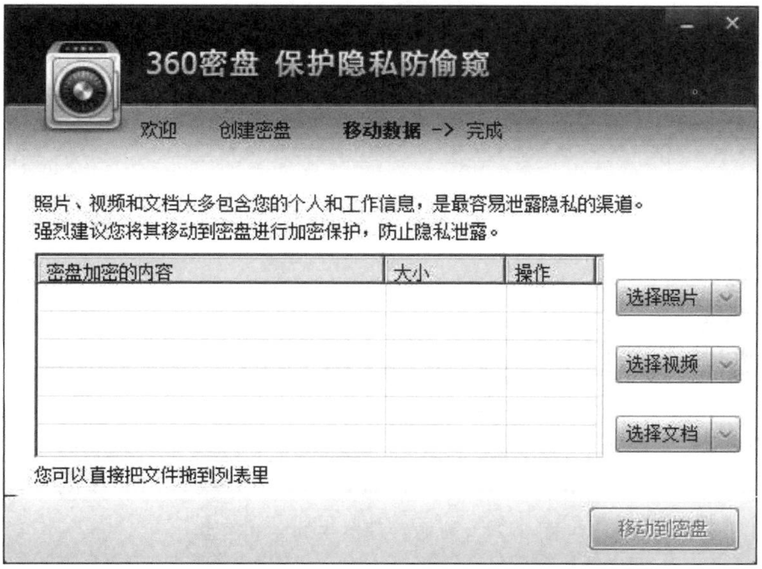

图 6.19　移动待保护文件至 360 密盘

⑥ 选择"实验 6"文件夹中的"扬州的夏日. docx"文件和"扬州美景"中文件夹的"瘦西湖. jpg"、"文昌阁. jpg"等文件后,单击"移动到密盘"按钮,出现文件加密成功的信息框,如图 6.20 所示。

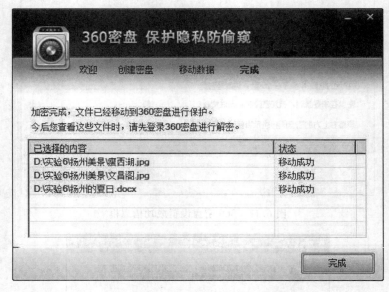

图 6.20 文件加密成功的信息框

⑦ 单击"完成"按钮,出现资源管理器窗口,如图 6.21 所示。此时,在资源管理器中可以看到 360 密盘。360 密盘的操作与其他磁盘的操作无异。

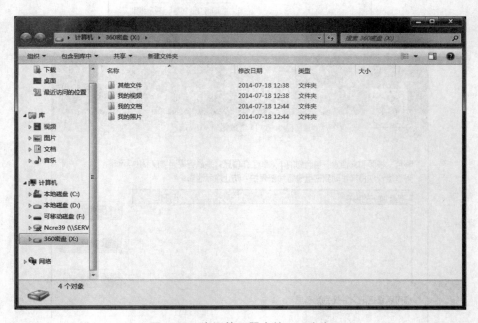

图 6.21 资源管理器中的 360 密盘

⑧ 如要退出 360 密盘,可以单击 Windows 状态栏中"显示隐藏的图标",屏幕弹出小窗

口,该窗口中显示有 360 密盘的图标,如图 6.22 所示。

图 6.22　显示隐藏的图标

右击 360 密盘的图标,可以打开或关闭 360 密盘。

⑨ 关闭 360 密盘后,如要查看加密的文件,可再次打开 360 密盘。在"显示隐藏的图标"小窗口中,双击 360 密盘图标,弹出密码输入对话框,如图 6.23 所示。输入设定的 360 密盘的密码后,就可以在资源管理器中再次使用 360 密盘了。

图 6.23　360 密盘的密码输入对话框

此外,文件夹加密超级大师、隐身侠、神盾加密磁盘等软件也可以用来对文件和文件夹进行加密。

【实验要求与提示】

1. 文件或文件夹加密后的密码必须牢记,遗忘密码会带来很大的麻烦。

2. 使用 360 密盘时,不要将密盘创建在系统分区,以免重装系统时删除密盘中的数据。不要格式化密盘所在的分区,以免造成数据丢失。不要删除分区根目录下的"360mipan"文件,否则会造成数据丢失。

【思考与练习】

1. 文件和文件夹的加密,起到了很好的保护作用。但是,如果忘记了密码又该怎么办?

2. 如何设置密码,做到既安全又不容易遗忘。

实验 7

图像处理

1. 掌握 Photoshop 软件的基本操作和使用方法。
2. 了解图像处理的一般技巧。
3. 熟练掌握图层、蒙版、选区、路径、滤镜的概念和一般操作。

【软硬件环境】

1. 软件环境：Windows 7 操作系统，Photoshop CS6 图像处理软件。
2. 硬件环境：处理器双核 1.6 GHz；内存 2 GB 以上；网络能访问 Internet 网络。
3. 复习有关数字图像的概念：像素、分辨率、色彩的配色原理和颜色模式等等。

【实验涉及的主要知识单元】

Adobe Photoshop，简称 PS，是由 Adobe Systems 公司开发的图像处理软件。Photoshop 主要处理以像素所构成的数字图像，可进行图像编辑、图像合成、校色调色和特效制作。

1. 选区：是指通过工具或命令在图像上选定待处理的区域范围。PS 中常用的选区工具和命令有：选框工具、钢笔工具、磁性套索工具、魔棒工具和蒙板工具以及"抽出"滤镜命令和"色彩范围"命令。

2. 图层：是构成图像的一个一个的层，每个层都能单独地进行编辑操作。通过图层可以把某个图像中的一部分独立出来，进行处理，并且这些处理不会影响其他部分。图层分为普通层、背景层、文字层，后两种可以转换为普通层。

3. 通道：就是选区，记录了图像的大部分信息。通道的作用主要有：表示选择区域、表示墨水强度、表示不透明度、表示颜色信息。

4. 蒙板：就好比蒙在图像上面的一块板，保护某一部分不被操作，从而使用户更精准地抠图。

5. 滤镜：主要是用来实现图像的各种特殊效果。所有的 PS 滤镜都按分类放置在菜单中，只需要从该菜单中执行命令即可。

【实验内容与步骤】

一、制作艺术相册

通过制作如图 7.1 所示的图像，学习 PS 的制作过程和技巧。

1. 启动 Photoshop

选择"开始"→"所有程序"→Adobe Photoshop CS6 菜单命令，即可启动 Photoshop。

Photoshop CS6 工作界面如图 7.2 所示，其主要由标题栏、菜单栏、工具箱、任务栏、面板和工作区等几个部分组成。

图 7.1　艺术相册

图 7.2　Photoshop 工作界面

2. 新建图像文件

选择"文件"→"新建"菜单命令，打开"新建"对话框，如图 7.3 所示进行设置。

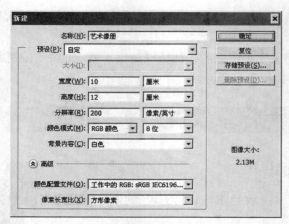

图 7.3 新建图像对话框

3. 设置背景的渐变效果

① 利用色板,设置前景色为"蜡笔洋红",背景色为白色。

② 选择工具箱中的渐变工具 ,由上至下划一直线将背景刷成由红到白的渐变效果。

4. 画心形图案

① 将前景色设为"黑紫洋红",选择工具箱中的"自定义形状工具"。

注:若工具箱中没有该工具,则右击"矩形工具",在展开的若干工具中选择。

② 在参数工具栏中的形状库中选中心形,画出心形图案,如图 7.4 所示。

图 7.4 添加"心形"图层

③ 此时,在图层面板中自动添加了一个形状图层,右击该图,选择"栅格化图层"即把该图层转换成了普通图层。

5. 修复老照片

(1) 打开图像文件

选择"文件"→"打开"菜单命令,在"打开"对话框中选择文件类型为 jpg,在 D 盘实验 7

文件夹中选中要编辑的图像"老照片.jpg"。

打开的文件如图 7.5 所示。这张老照片有很多的划痕和污点,颜色也泛黄了。下面就利用 PS 的修复工具和色彩调整命令来修复老照片。

(2)选择合适的图像显示比例

选择"窗口"→"导航器"菜单命令或单击工具箱中的"缩放工具"将图像放大到 100%,单击"抓手"工具将图像移到待修复的位置。

(3)修复划痕

① 在工具箱中选择"污点修复画笔工具" ,并在参数面板栏中进行如图 7.6 所示的设置。

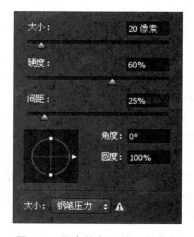

图 7.5 老照片原图   图 7.6 污点修复画笔工具参数

② 将鼠标移到需要修复的位置,直接单击划痕部位即可自动用周围像素修复划痕。

③ 对于较大的划痕,则右击"污点修复画笔工具",选择"修复画笔工具",按住 Alt 键在需要修复的附近单击进行取样,然后在需要修复的位置单击即可修复划痕。反复进行操作后,即可将划痕和污点清除。

(4)调整照片色调

① 设置"色彩平衡":选择"图像"→"调整"→"色彩平衡"菜单命令,在弹出的"色彩平衡"对话框中设置"色阶"选项依次为"0"、"0"、"+42";

② 设置曲线:选择"图像"→"调整"→"曲线"菜单命令,在弹出的"曲线"对话框中拖动曲线来调整图像亮度,使得"输入"为 136,"输出"为 165。如图 7.7 所示。

(5)将修改结果存储为"照片翻新.psd"

修复好的照片如图 7.8 所示。选择"文件"→"存储为"菜单命令进行存储。

注:若选择"文件"→"存储"菜单命令,则以原有格式存储正在编辑的文件;若选择"文件"→"存储为"菜单命令可以将文件另外存储为其他格式的文件。Photoshop 可以编辑多种类型的图像文件,如:PSD、JPG、GIF、BMP、PNG、PDF 等等。

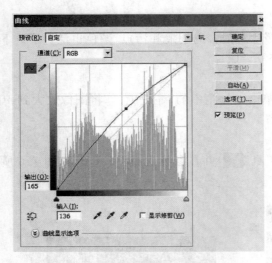

图 7.7 曲线设置框

图 7.8 修复后的老照片

6. 将已修复好的照片添加到艺术相册中

（1）创建选区

使用"磁性套索工具"在修复后的老照片中创建两位老人的选区。

（2）移动图像

选择"移动工具"将选择的内容移动至相册中，并放置在合适的位置，如图 7.9 所示。若大小不合适的话，按<Ctrl>＋T 调整大小。

（3）设置图层蒙板

① 在图层调板上选择心形图层，选择"魔棒工具"在心形中间单击，创建选区。

图 7.9 移动老照片至相册

② 在图层调板上选择图层 1 即老人图层，单击调板下部的"添加图层模板"，效果如图 7.10 所示。

图 7.10 图层蒙板的效果

7. 将"郁金香"添加到相册

（1）打开 D 盘实验 7 文件夹中的"郁金香.jpg"。

（2）用"磁性套索工具"创建选区，选择区域参照图 7.11。

图 7.11　添加郁金香的效果

（3）将"郁金香"拖到相册中，选择"编辑"→"自由变换"命令，将郁金香调整到合适的位置以及合适的大小。如图 7.11 所示。

8. 创建文字效果

（1）添加文字

选择"横排文字工具"，在参数栏中设置字体为华文虎珀，大小为 36 点，颜色为纯青蓝，在图像上方单击，输入"我们还很年轻"。自动创建了一个文字图层。

（2）设置文字效果

① 右击图层调板中的文字图层，选择"混合选项"，打开"图层样式"对话框，如图 7.12 设置。

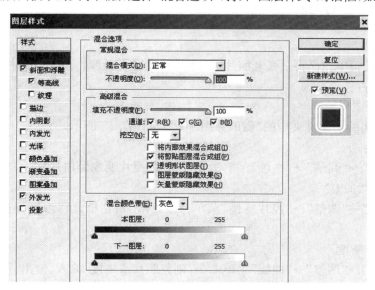

图 7.12　文字的图层样式

② 选择"文字"→"文字变形"菜单命令,在"变形文字"对话框中的设置如图 7.13 所示。

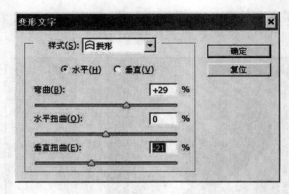

图 7.13 变形文字对话框

③ 最后在样式面板中选择"双环发光"。如图 7.14 所示。

图 7.14 文字校果

9. 保存文件

(1) 选择"文件"→"存储为"菜单命令,将文件存储为"艺术相册. psd"。

(2) 右击图层面板,选择"合并可见图层",再另存为"艺术相册. jpg"。

二、数码照片的处理

1. 照片做旧

在上面的实验中我们将一张老照片进行修复,换发了新颜。下面我们将一张彩色照片做旧,让它变得古朴沧桑。

(1) 打开原图

打开 D 盘实验 7 文件夹中的"做旧原图. jpg",如图 7.15 所示。

(2) 去色

选择"图像"→"调整"→"去色"菜单命令,将彩色照片变成黑白片。

(3) 将照片"加温"

选择"图像"→"调整"→"照片滤镜"菜单命令,弹出对话框。将浓度提高到 50%,其他参数不变。

(4) 调整清晰度

选择"图像"→"调整"→"曲线"菜单命令,调整照片清晰度,输入、输出分别为 75、58。

图 7.15　做旧处理原图

（5）使用滤镜

选择"滤镜"→"滤镜库"→"艺术效果"→"胶片颗粒"菜单命令,将强度参数设到最大。

（6）将图像存为"做旧效果图.jpg",如图 7.16 所示。

图 7.16　做旧效果图

2. 美图秀秀

美女们总是觉得自己还不够美,催生了各样美化照片的软件。当然 PS 也可以进行这样的修饰。

（1）打开原图

打开 D 盘实验 7 文件夹中的"肖像.jpg",右击图层调板的背景层,复制图层。在复制的图层中进行处理。

（2）瘦脸,大眼

① 选择"滤镜"→"液化"菜单命令,打开"液化"对话框,如图 7.17 所示。

图 7.17　液化设置

② 选择"向前变形工具",调整画笔大小为 120,按图中所示方向适当瘦脸。

③ 选择"膨胀工具",调整画笔大小为 60,单击眼部,把眼睛适当放大。

(3) 白肤

① 按住<Ctrl>键的同时单击通道调板的 RGB 通道获取选区。

② 保证前景色/背景色为黑/白,回到图层页面,按<Ctrl>＋<Del>用背景色填充选区。取消选区。

③ 调整复制图层的透明度为 80%,以恢复皮肤质感,如图 7.18 所示。

(4) 将图像保存为"美女.jpg"。

图 7.18　美图效果

3. 拼图

人们常对自己所拍的照片背景有些不太满意,那么可以将两幅图拼在一起以达到满意的效果。下面我们将 D 盘实验 7 文件夹中的"婚纱照. psd"与"湖面风光. psd"合成一张。

① 打开 D 盘实验 7 文件夹中的"婚纱照. psd",将前景色/背景色设为黑色/白色。

② 选择"图像"→"画布大小"菜单命令,将宽度和高度分别设置为 20 厘米和 30 厘米。

③ 在图层调板上双击,将图层类型由背景改为普通图层,并将婚纱照移至下方。

④ 使用"矩形选框工具"选择婚纱照,使用"选择"→"反向"菜单命令反选选区,按 <Delete>键删除选区。如图 7.19 所示。

图 7.19　拼图效果(1)

⑤ 按 ctrl＋D 取消选区,再选择"套索工具",并将羽化值设定为 5 像素,选择新郎新娘头顶部分区域,再反选选区删除。如图 7.20 所示。

⑥ 打开 D 盘实验 7 文件夹中的"湖面风光. psd",使用"移动工具"移至婚纱照中。

⑦ 在图层面板中,将湖面风光的图层移至婚纱照图层之下,并调整图像位置,如图 7.21 所示。

图 7.20 拼图效果(2)

图 7.21 拼图效果(3)

⑧ 使用"裁剪工具"对图进行裁剪。

⑨ 在图层面板中,合并可见图层,保存图像为"拼图.jpg",如图 7.22 所示。

图 7.22　拼图.jpg

【实验要求与提示】

1. 工具箱中有些工具图标右下角有小三角形表示有隐藏工具,单击展开就能看到。

2. 背景图层有很多操作不支持,如不能移动对象,所以通常都要将图层转换为普通图层。

3. 对图片进行色彩等调整没有具体的规范,一切以视觉上的美观为准。

【思考与练习】

1. 抠图是图像处理时常用到的操作。PS 提供了很多选区工具,应根据图像特点选择工具或命令。请在实验时自行试一试,如婚纱照中选择新郎新娘用什么合适?

2. Photoshop 能处理哪些类型的文件? GIF 可以吗? PPT 可以吗? 可以处理音频视频吗?。

实验 8

用 Visio 制作基本流程图

【实验目的与要求】

1. 学会阅读流程图,掌握基本流程图的制作。
2. 熟悉 Microsoft Visio 的界面、功能,掌握软件的基本操作。

【软硬件环境】

1. 软件环境:Windows 7 操作系统;Microsoft Visio 2010。
2. 硬件环境:处理器双核 1.6 GHz;内存 2 GB 以上。

【实验涉及的主要知识单元】

1. 流程图

流程图又称输入/输出图,是指以特定的图形符号,配合简要的文字说明,用图形化的方式表示问题的解决步骤。流程图用于描述算法思路或具体的工作过程,相对于文字方式,流程图的描述形式更易于表述和理解,有助于用户准确地了解、改进过程。

2. 流程图常用图形符号

开始/结束:流程的开始与结束

流程:要执行的操作

判定:问题判断或决策

数据:数据的输入/输出

↓　连接线(流线):执行的方向

　文档:以文件形式输入/输出

　子流程:描述涉及的子流程

3. Microsoft Visio

Microsoft Visio 是基于 Windows 平台运行的流程图和矢量图绘图软件,是 Microsoft Office 软件的一部分。用户通过 Visio 可以创建流程图、平面布置图、日程表、网络图等。Visio 提供了一些常用模板和预制形状以简化用户操作,有助于用户快速制作专业图表。

4. Visio 的模板、模具和形状

模板(Template)是经过预设和预定义的设计图,由模具、样式和设置等组成。模板文件(.vst)包含了绘图文件(.vsd)和模具文件。

模具(Stencil)是与模板相关联的形状的集合。模具文件(.vss)包含了形状。

形状(Shape)是标准化的图形、图标,存储在模具中,是生成各种图形的"母体"。模具中预先画好的形状叫主控形状。

用户可以选用 Visio 自带的模板、模具和形状,也可以自定义或从网络下载。

【实验内容与步骤】

一、设计流程图

流程图常用于描述程序的算法。本实验编写程序求 $1+2+3+\cdots+100$ 的和。程序的算法可以设计如下:

(1) 令 S 取 0 值

(2) 令 I 取 1 值

(3) 若 I≤100 成立,则执行第四步,否则执行第六步

(4) S←S+I

(5) I←I+1,返回第(3)步

(6) 输出 S

用基本流程图表示算法,内容形象直观,如图 8.1 所示。

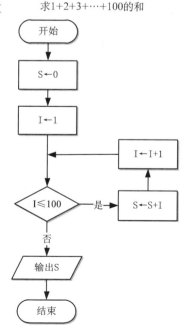

图 8.1　流程图

二、用 Visio 绘制基本流程图

实验任务：绘制图 8.1 所示流程图。

① 创建新文件。启动 Microsoft Office 的 Microsoft Visio 2010，单击"文件"选项卡，选择"新建"→"基本流程图"→"创建"，创建的新文件窗口如图 8.2 所示。

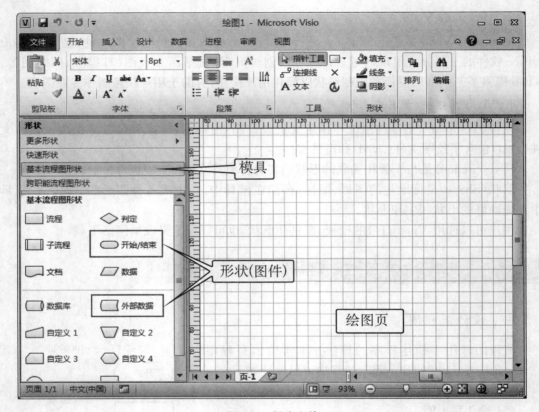

图 8.2　新建文件

② 添加形状（图件）。选取左侧模具中的形状，拖至绘图页适当位置。通常按照从上到下、自左向右的顺序添加形状。如形状错误，可选中待删的形状，按<DELETE>键删除。窗口布局如图 8.3 所示。

用户可以通过<Ctrl>+<Shift>组合键放大显示图形，或者使用"显示比例"和"扫视和缩放窗口"工具缩放绘图页，以便放大查看部分图表，或者缩小显示全部图表。

③ 添加/编辑文本。双击形状，打开形状的文本块，在方框内输入/编辑文字，文字内容要简洁明了。

用户可以直接添加无边框形状的独立文本。选取"文本"工具按钮，单击添加位置，输入文字。与有形状的文字一样，独立文本也可以移动位置。

参照图 8.1 添加流程图标题，并为形状添加文字，如图 8.4 所示。

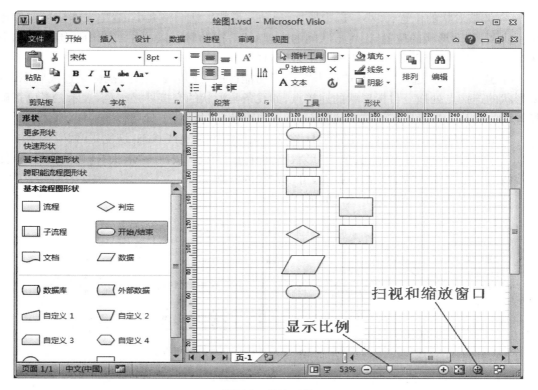

图 8.3　拖取形状

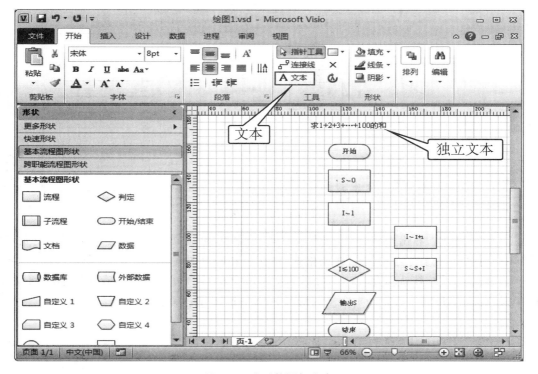

图 8.4　为形状添加文字

④ 调整形状的位置、大小。选中形状,拖动其形状手柄调整大小,避免文本变形或者比例不协调;移动形状的位置,设置形状间的合理间距,拖动时可以按住<Shift>键同时选中多个形状,也可以拖动鼠标,用虚框选中多个对象。

⑤ 连接形状。选取"开始"选项卡"工具"功能区的"连接线"按钮,鼠标呈连线状态,从源形状的连接点处拖至目标形状的连接点,如线条与形状的交接处是红色,表示二者已正确相连,如是绿色,表示连接线与形状间断开,用户可使用"指针"工具调整连接线。

完成所有连接线后,选取"指针工具"按钮,鼠标将取消连线状态,恢复正常。

选中连接线,选取"开始"选项卡"形状"功能区的"线条"按钮→"箭头"→选箭头样式,使连接线的一端呈箭头状。双击连接线,可以在线内添加文本。

请参照图 8.5 所示设置形状之间的连接线。

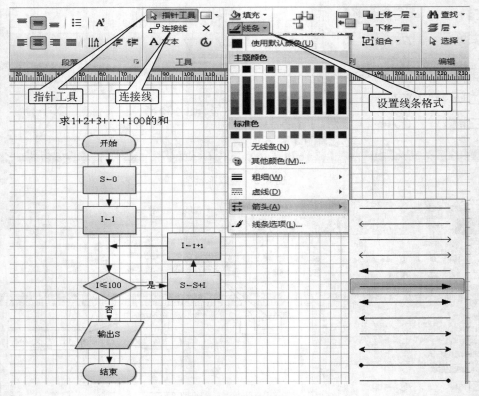

图 8.5 设置连接线

⑥ 设置格式。右击形状→"格式"→"文本"(或"线条"、"填充"),在文本(线条、填充)对话框中,用户可以修改文字格式、线条格式、填充色和底纹图案等,如图 8.6 所示。

⑦ 保存。系统默认保存为绘图(.vsd)类型的文件,用户可通过"另存为"操作,将文件保存为 AutoCAD 绘图(.dwg)、向量图形(.svg)、pdf 和 jpg 等类型。

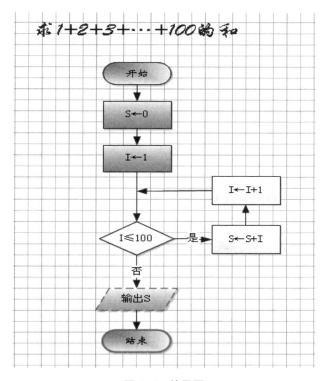

图 8.6　效果图

三、在 Visio 中自定义模具和形状

实验任务：自定义形状"五星红旗"，自定义模具"我的形状库"，将"五星红旗"形状添加到"我的形状库"中。

自定义模具，是将经常使用的形状集中到一起，方便以后的使用。当用户经常使用某形状，而系统没有提供时，可由用户自定义形状。

自定义前首先要检查 Visio2010 是否有"开发工具"选项卡，如果没有，请单击"文件"→"选项"→"高级"→ 勾选"常规"部分的"以开发人员模式运行"。

1. 定义新形状

① 打开"文件"选项卡，单击"新建"→"空白绘图"模板→"创建"按钮，创建一张新图。

② 单击左侧"更多形状"菜单，选择"常规"子菜单的"基本形状"模具。

③ 选择"矩形"形状，拖放至绘图页，调整矩形大小为高度 20、宽度 30（以网格背景为参照）。为方便后续操作，暂设置该矩形框背景透明。右击矩形框，选择"格式"菜单的"填充"命令，在弹出的对话框中设置"填充透明度"为 100%，按"确定"设置完毕。

④ 选择"五角星形"形状，拖至矩形框内，利用形状手柄调整五角星方框的大小为高度 6、宽度 6，再画四个小五角星，大小为高度 2、宽度 2；移动上述五颗星至合适位置，调整小五角星的旋转角度，如图 8.7（a）所示，得到图 8.7（b）所示图形。

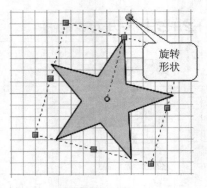

（a）旋转"五角星形"

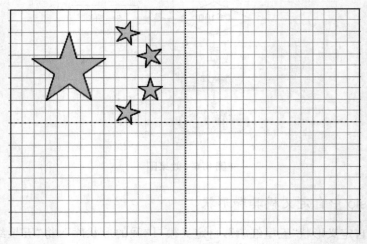

（b）自定义形状图件位置图

图 8.7　自定义"五星红旗"形状

⑤ 右击矩形框,选择"格式"菜单的"填充"命令,设置填充红色、图案 01 纯色、透明度 0%,无阴影,单击"确定"按钮;按住<Shift>或<Ctrl>键的同时选中五颗星,右击选"置于顶层"命令,并设置格式,填充黄色,按"确定"按钮,五星红旗绘制完毕。

⑥ 按<Ctrl>+A 全选所有形状,右击组合,并复制到剪贴板,以便添加入模具。

⑦ 打开"文件"选项卡,单击"关闭"按钮。

2. 创建新模具

单击"开发工具"→"新建模具"(公制、美制都可),出现"模具 1"窗口,保存弹出"另存为"对话框,保存位置"D:\",文件名"我的形状库",类型"模具(∗.vss)",单击"保存"按钮,"我的形状库"模具定义完毕。

3. 向自定义模具添加形状

① 右击"我的形状库.vss"模具窗口,选择"新建主控形状",在弹出的对话框中输入自定义形状的名称:"五星红旗",单击"确定"按钮。形状"五星红旗"出现在模具窗口内,一个没有内容的新形状定义成功。双击形状按钮左部,打开绘图页,可编辑形状的内容;双击形

状右部可更改形状的名称。

　　② 双击"五星红旗"形状按钮的左部,在绘图页粘贴新绘制的五星红旗图案,单击"保存"按钮,出现系统提示,单击"确定"按钮。单击"文件"选项卡的"关闭"命令,系统询问是否更新形状信息,单击"是"按钮,系统询问是否保存模具信息,单击"保存"按钮。形状添加完毕。

　　4. 使用自定义模具、形状

　　① 新建绘图文件,单击"更多形状"菜单,选择"我的形状"子菜单的"组织我的形状"命令,双击选取"D:\ 我的形状库. vss"模具文件。

　　② 拖拽"五星红旗"形状至绘图页,调整形状大小,并保存绘图文件。

【实验要求与提示】

　　1. 可以在 visio 中将多个图形元素组合,以图片形式复制到其他文档。

　　2. 画图的过程中如需调整绘图页大小,可以按住<Ctrl>键,移动鼠标到绘图页边缘,拖动鼠标调整绘图页大小。

　　3. 可以整体放大/缩小全部图形,方法是先<Ctrl>＋A 全选,再拖动边框按钮调整大小。

【思考与练习】

　　1. 程序有顺序、选择和循环三种基本结构,请绘制出三种结构的普通流程图。

　　2. 在 visio 中可以对流程图重新布局,请将实验中绘制的流程图调整为层次结构或其他布局,观察变化后的流程图。

　　3. 用户还有哪些方法可以自定义形状?

实验 9

思维导图

【实验目的与要求】

1. 了解思维导图,学会用导图描述思维。
2. 了解 MindManager 的功能,学会用 MindManager 制作思维导图与组织机构图。

【软硬件环境】

1. 软件环境:Windows 7 操作系统;MindManager 9 思维导图。
2. 硬件环境:Windows 7 操作系统。

【实验涉及的主要知识单元】

1. 思维导图

思维导图,俗称"脑图",以放射状图形描述发散性思维,用"画"取代"写"的方法记录思维过程。思维导图用直观形象的图示表示主题间的逻辑关系,每个主题都可以发散出若干子主题,子主题又可以继续发散出更多的下一级子主题,这种表示形式更符合大脑的自然思维方式。思维导图中图文并用,将关键字与色彩、图像建立关联,有助于加强记忆,激发右脑潜能。

2. MindManager

MindManager 由美国 Mindjet 公司开发,用于思维导图和知识管理,用户界面直观,功能丰富,有助于用户高效构建思路。

【实验内容与步骤】

一、基本绘制

1. 新建思维导图

启动 MindManager，出现新建思维导图窗口，如图 9.1 所示，先选模板 New Blank Map，再点击右方的"创建"按钮（也可以直接双击 New Blank Map 模板），生成一个基于默认图表模板 New Blank Map 的空白文件，如图 9.2 所示。图中文档默认添加了 6 项一级分支，可选中分支按<Delete>键删除，也可以继续添加分支主题或修改分支主题内容。本实验保留核心主题，删除所有一级分支，如图 9.3 所示。

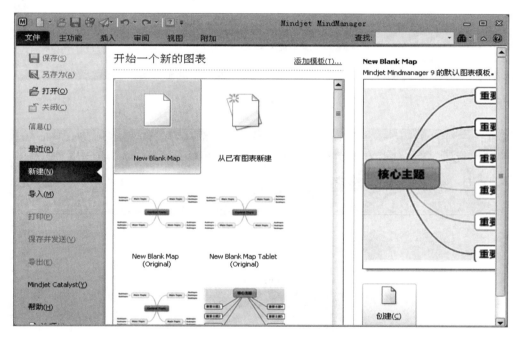

图 9.1　新建思维导图

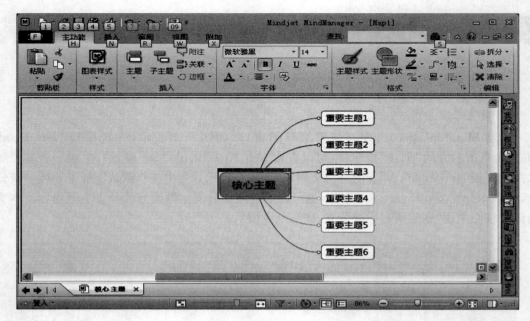

图 9.2 新建空白文件

图 9.3 删除一级分支主题

2. 填写中心词

点击"核心主题"方框输入中心内容:扬州景点。

3. 插入一级分支

方法一:点击"主功能"选项卡"主题"按钮;

方法二:按<Enter>键;

方法三：右击核心主题，快捷菜单中选"插入"→"主题"；

方法四：鼠标双击画面空白处；

点击"核心主题"方框，请参照上述方法，生成 6 个一级分支，修改 6 个分支主题的内容，如图 9.4 所示。

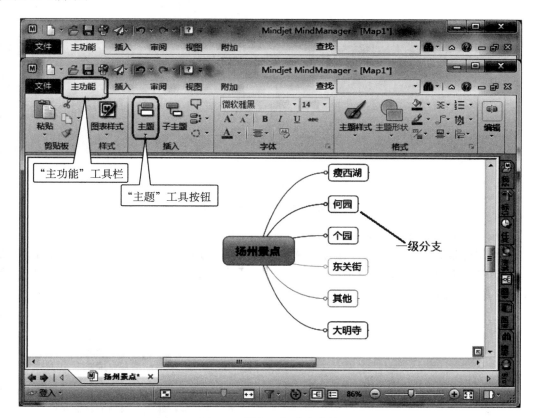

图 9.4　插入一级分支主题

4. 插入二级、三级、多级分支

方法一：选中主题，按<Insert>键，生成次级分支；

方法二：选中子主题，按<Enter>键或"主功能"选项卡"插入"功能区"主题"按钮，生成同级分支；

方法三：选中主题，点击"主功能"选项卡"插入"功能区"子主题"按钮，生成次级分支；

方法四：右击主题，快捷菜单中选"插入"菜单"子主题"命令，生成次级分支。

（1）用上述方法为"瘦西湖"创建 5 个子主题，修改主题内容分别为：介绍、地址、交通、票价、主要景点。如图 9.5 所示。

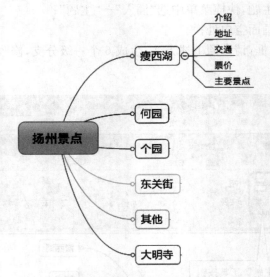

图 9.5 插入二级分支主题

（2）对于重复出现的分支结构，可用剪贴板复制。

拖动鼠标框选"瘦西湖"的 5 个子主题，如图 9.6（a）所示，按<Ctrl>＋C 复制到剪贴板，再选中"大明寺"主题，按<Ctrl>＋V 粘贴。用同样的方法完成其他景点分支主题的设置，如图 9.6（b）所示。

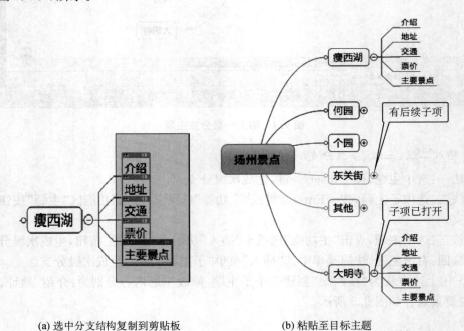

(a) 选中分支结构复制到剪贴板　　　　　　(b) 粘贴至目标主题

图 9.6 复制子主题

（3）为"瘦西湖"的"主要景点"子主题插入 6 个三级子主题，修改主题内容为：五亭桥、白塔、长堤、徐园、小金山、钓鱼台。如图 9.7 所示。

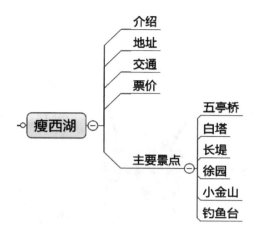

图 9.7　插入三级子主题

二、主题格式化

1. 设置主题形状

方法：右击主题，在快捷菜单中选"主题形状"，子菜单中点击需要的形状。

设置核心主题"扬州景点"的主题形状为"椭圆"，子主题"瘦西湖"的形状为圆形。如图 9.8 所示。

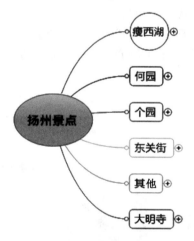

图 9.8　设置主题形状

2. 格式化主题

方法：右击主题，在快捷菜单中选"格式化主题"，弹出"格式化主题"对话框。如果对象是核心主题，对话框会增加一个"总体布局"的页面。

（1）设置核心主题"扬州景点"："大小和边距"标签下设置"左边距"为 5 毫米，"子主题布局"标签下设置"伸展方向"为图表，"线条样式"为曲线图，"总体布局"标签下设置"重要主题线宽"为中等。如图 9.9 所示。

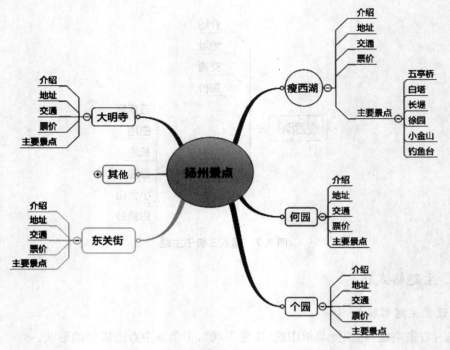

图 9.9　核心主题格式化

（2）设置子主题"瘦西湖"："形状和颜色"标签下线条为红色，填充淡青绿色，"子主题布局"下伸展方向为自动，线条样式为圆角折弯。

（3）设置子主题"何园"："子主题布局"的伸展方向为树状图，线条锚点为外部。

（4）设置子主题"东关街"："子主题布局"下的伸展方向为"组织图"，线条样式为"折弯"。如图 9.10 所示。

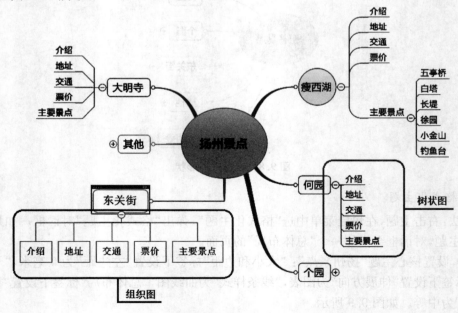

图 9.10　子主题格式化

三、插入附注

方法：选中主题，点击"主功能"选项卡的"附注"按钮，或者右击主题，在快捷菜单中选择"插入"→"附注主题"，在弹出的附注框中输入附注内容。

设置"瘦西湖"子主题的附注内容：AAAAA 级景区，如图 9.11 所示。

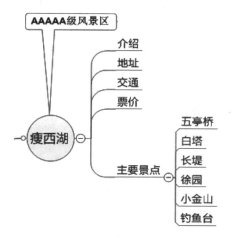

图 9.11　插入附注

四、关联线

1. 插入关联线

方法一：点击"主功能"选项卡"插入"功能区的"关联"按钮→"主端主题"→"末端主题"；

方法二：右击导图→"插入关联"，鼠标依次点击选取主端主题、末端主题。

在"瘦西湖"和"大明寺"之间插入关联线：先选中"关联"按钮，再点击"瘦西湖"主题框，最后点击"大明寺"主题框，可以看到二者之间有一条虚线，即关联线。

2. 修饰关联线

双击关联线，在弹出的"格式化关联"对话框中设置其颜色、粗细、图案、样式等。鼠标选中关联线，可以按<Delete>键删除线条、调整线条的弯曲形状，或者用"附注"按钮为关联线添加附注信息。

双击生成的关联线，设置粗细为 1 1/2pt，线条形状为曲线，右击关联线插入附注内容为"步行 5 分钟"，如图 9.12。

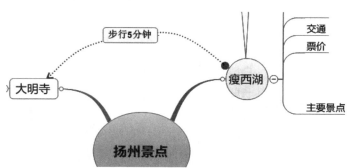

图 9.12　关联线

五、修饰主题边框

需要重点突出某子主题内容时,可以对该子主题加边框。

方法:单击某分支主题,选取"主功能"选项卡"插入"功能区的"边框"按钮,设置边框形状、删除边框或者格式化边框。

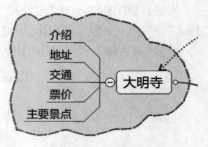

图 9.13 修饰主题边框

选中"大明寺"子主题,在"主功能"选项卡的"边框"按钮中选择边框样式为扇贝型,并在"边框"按钮中选择"格式化边框",设置线条粗细为 1/2pt,图案为第六行样式,填充淡绿色。如图 9.13 所示。

六、括号

(1) 插入括号

需要对子主题内容进行汇总时,可对该子主题项插入大括号。

方法:选取子主题,单击"主功能"选项卡"插入"功能区"边框"下拉列表第三行的括号项目。

选"瘦西湖"下子主题"主要景点",单击"边框"按钮的下拉箭头,选择大括号行的"摘要一弧形"样式,右击(或双击)生成的大括号,在"格式化边框"选项中设置图案为实线(第一行样式)

(2) 对括号进行注解

方法一:选中括号,按<Enter>键;

方法二:右击括号,快捷菜单中选"插入摘要主题"。

单击生成的括号,按<Enter>键,输入"咔嚓一下"。如图 9.14 所示。

(3) 对注解进行再注解

方法:选中注解,按<Insert>键,生成下一级子注解。

① 选中注解"咔嚓一下",按<Insert>键,输入"排队"。

② 选中"排队",按<Enter>键生成同级注解,输入"摆 pose"。

③ 选中"摆 pose",按<Enter>键生成同级注解,输入"欣赏"。

如图 9.15 所示。

图 9.14 插入大括号和注解   图 9.15 对注解再注解

七、图表标记

方法一:选中主题,点击"插入"选项卡"标记"功能区"图标"按钮的下拉箭头,在子菜单中选择相应的子功能;

方法二:右击主题,快捷菜单中选"图标"。

① 右击"五亭桥"子主题,选"图标"→"笑脸"→"高兴"。

② 右击注解"排队",选"图标"→"更多图标"→右侧"图库－图标"→在"添加图标…"框中选择"thumbs－up"图标→点击图标框最后的"thumbs－up"图标。

③ 右击"咔嚓一下"子主题,选"图标"→"更多图标"→"添加图标"→打开 D 盘中的"实验 9"文件夹→选择"camera.ico"文件→"插入"→点击图标框最后的"camera"图标。

④ 参照步骤③为"摆 pose"子主题设置图表标记,图标文件:"pose.ico"文件。如图9.16所示。

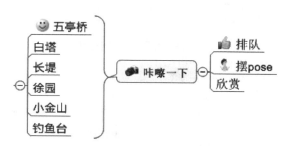

图 9.16　图表标记

八、插入超链接、附件、便笺、图片

1. 插入超链接

方法一:选中主题,在"插入"选项卡"主题元素"功能区中选择"超链接"按钮;

方法二:右击主题,快捷菜单中选择"添加超链接"命令。

右击"瘦西湖"的"介绍"子主题→"添加超链接"→"链接到"文本框右侧的"选择文件"按钮→选取"实验 9"文件夹"sxhint.doc"文件→确定。超链接设置成功后主题右侧会生成一个 Word 图标,点击显示链接内容。

2. 添加附件

方法:选中主题,在"插入"选项卡"主题元素"功能区中选择"附件"按钮(或右击主题,快捷菜单中选"添加附件")→"附加一个或多个已有文件"→"打开"按钮→选取文件。允许一次添加多个附件,重复"打开"按钮→选取文件步骤即可。

为"瘦西湖"的子主题添加附件:"交通"添加附件"sxhmap.bmp","五亭桥"加附件"五亭桥.jpg","白塔"添加附件"白塔.jpg"。

附件添加成功后主题右侧会生成回形针图标,点击后显示附件内容。

3. 插入便笺

方法:选中主题,在"插入"选项卡"主题元素"功能区中选择"便笺"(或右击主题,快捷菜单中选"便笺")→"主题便笺"窗口内输入内容。

右击"票价"子主题,输入便笺内容为:"淡季(1、2、6、7、8、12 月) 120 元,旺季(3、4、5、9、10、11 月)150 元"。便笺插入成功后主题右侧会生成便笺图标,点击显示便笺内容。

4. 插入图片

方法:选中主题,在"插入"选项卡"主题元素"功能区中选择"图像"(或右击主题,快捷菜单中选"图像")。

右击"瘦西湖"的"地址"子主题→"图像"→"从文件"→ 实验目录下"sxhaddr. bmp"件→"插入"。右击图片→"格式化主题"→"排列"→"文本和图像排列"→"右对齐"→确定。如图 9.17 所示。

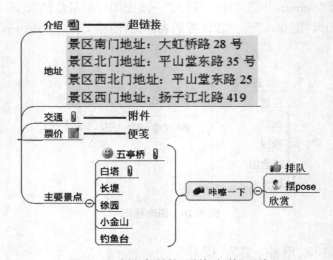

图 9.17 插入超链接、附件、便笺、图片

【实验要求与提示】

1. 根据实验内容完成"扬州景点"-"瘦西湖"思维导图的绘制。
2. 参照实验内容完善其他子主题。

【思考与练习】

1. 如何创建多级分支主题?
2. 对主题能进行哪些格式化设置?
3. 如何在 MindManager 中修饰思维导图?
4. 用 MindManager 能绘制组织图或树形图吗?

实验 10

音频处理

【实验目的与要求】

1. 掌握音频的基本修剪技术。
2. 掌握单轨音频处理技术。
3. 掌握混音效果的制作。

【软硬件环境】

1. 软件环境：Windows 7 操作系统；Adobe Audition CS5.5 音频处理软件。
2. 硬件环境：处理器双核 1.6 GHz；内存 2 GB 以上；网络能访问 Internet 网络。

【实验涉及的主要知识单元】

1. 单轨编辑模式与多轨编辑模式

在 Adobe Audition CS5.5 中有两种编辑模式，分别是单轨编辑模式和多轨编辑模式。在单轨编辑模式下，可以独立编辑一段单声道或立体声波形，并且只能对一个声音文件进行编辑。而多轨编辑模式是分许多音轨，将乐器和人声分别录进电脑，再经过合成缩混为一个成品。

2. 混音(MIX)

混音也就是缩混，通常是指对音乐中的各个声部、各个乐器或人声进行调整、加工、修饰，最终导出一个完整的音乐文件。混音操作可使音乐的整体效果更好，听起来更舒服，更符合编曲作者所要表达的感觉。

【实验内容与步骤】

一、音频的基本修剪技术

1. 合并两段音频

① 双击桌面上的 Adobe Audition CS5.5 图标,打开 Adobe Audition 程序。

注:第一次打开 Adobe Audition 程序时,可能会弹出警告对话框,提示对 QuickTime 文件格式的支持当前不可用。单击"确定"按钮即可。也可勾上选项"不再显示此警告",以后再打开 Adobe Audition,将不会再出现该对话框。

② 单击"文件"→"打开",将 D 盘中"实验 10"文件夹里的"格斗.wav"和"枪声.mp3"音频打开。

③ 观察并播放选择的两段音频。

④ 双击"枪声.mp3"文件,选择需要复制的波形,如图 10.1 所示。右击,选择"复制"命令。

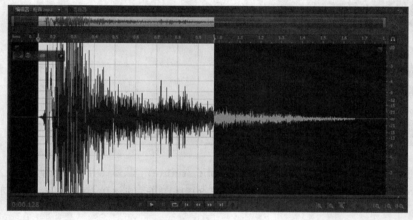

图 10.1　复制波形

⑤ 双击"格斗.wav"文件,选择要粘贴音频的位置,右击,选择"粘贴"命令,如图 10.2 所示。

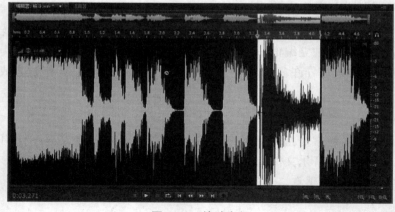

图 10.2　粘贴音频

⑥ 单击"调节振幅"按钮，或在右边的文本框中输入数值，如图 10.3 所示，调整音频波形的振幅为−1.2，使其和其他波形的音量相近。

图 10.3　调节音量

⑦ 单击"文件"→"另存为"，将文件保存为"枪战.wav"，如图 10.4 所示。最后按空格键播放，测试效果。

图 10.4　保存文件

注：保存录音文件时，可以根据不同的使用目的选择不同的保存格式。例如，要作为视频的配音文件使用，可保存为 WAV 格式；要作为手机铃声或用于娱乐，可保存为 MP3格式。

2. 剪辑合成

① 单击"文件"→"全部关闭"，开始下一个音频的制作。单击工具栏上的"多轨混音"按钮 多轨混音，弹出"新建多轨混音"对话框，如图 10.5 所示，设置"混音项目名称"为"流水鸟鸣"。

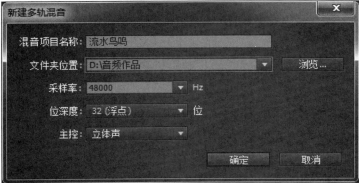

图 10.5　"新建多轨混音"对话框

② 单击"文件"→"导入"→"文件",将"流水.mp3"文件导入,双击该音频,按空格键,试听音频效果。

③ 单击"文件"面板中的"插入到多轨混音中"按钮 ，选择"流水鸟鸣"选项。该步骤会弹出一个警告对话框,提示"流水.mp3"的采样率与混音采样率不匹配,将制作一个匹配的文件副本,如图 10.6 所示。单击"确定"按钮即可将音频插入到轨道中。

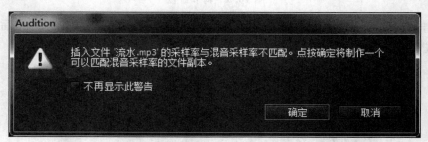

图 10.6　警告对话框

④ 单击"多轨混音"→"插入文件",将"鸟鸣.mp3"文件导入。如上,会弹出警告对话框,单击"确定"。

⑤ 使用工具栏中的"移动工具"按钮 ，调整"鸟鸣.mp3"素材的位置,如图 10.7 所示,并按空格键测试。

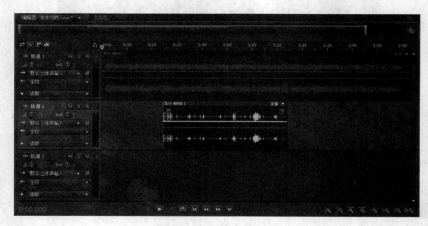

图 10.7　调整素材位置

⑥ 设置"轨道 2"上的波形"音量"为+10,设置"立体声平衡"选项为 R20,如图 10.8 所示。

图 10.8　参数设置

⑦ 单击"文件"→"存储",保存项目文件。

⑧ 使用工具栏上的"时间选区工具"按钮 ,将部分波形选中,如图 10.9 所示。

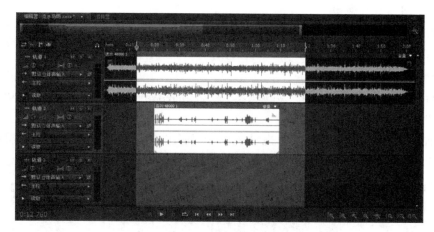

图 10.9　选中部分波形

⑨ 单击"文件"→"导出"→"多轨混缩"→"时间选区",将文件保存为"流水鸟鸣. wav"文件。

二、单轨音频处理技术

1. 男女声转换

① 单击"文件"→"全部关闭",开始下一个音频的制作。单击"文件"→"打开",将"男声. wav"文件打开。按空格键或单击播放按钮,播放音频,可以听出这是一个男生演唱的歌曲。

② 单击"效果"→"时间与变调"→"伸缩与变调(进程)",打开"效果-伸缩与变调"对话框,如图 10.10 所示。

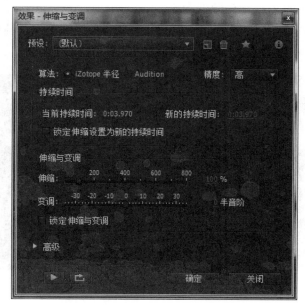

图 10.10　"效果-伸缩与变调"对话框

③ 将"算法"修改为"Audition",设置"变调"为 6 半音阶。

④ 单击窗口左下角的"预演播放/停止"按钮 ▶ ，测试音频效果，可根据需要多次调整参数值，以达到满意的效果。

⑤ 单击"确定"按钮，稍等片刻，完成音频的变调制作。

⑥ 单击"文件"→"另存为"，将文件保存为"女声. wav"文件。

2. 降噪和调整音量

① 单击"文件"→"全部关闭"，开始下一个音频的制作。单击"文件"→"打开"，将"诗歌朗诵. wav"文件打开。

② 在音频波形尾部按住左键并拖动鼠标，或使用"时间选区工具"，选中不需要的音频波形，如图 10.11 空白处所示。

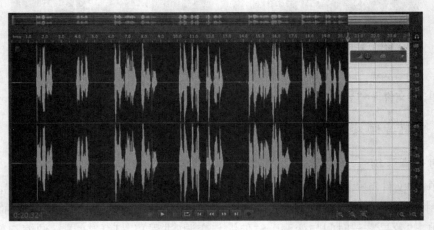

图 10.11　选中不需要的波形

③ 按<Delete>键，将选中的波形删除。

④ 按照同样的方法，根据需要，将音频中间隔较长的区域删除，控制好朗读的节奏。调整之后的音频如图 10.12 所示。

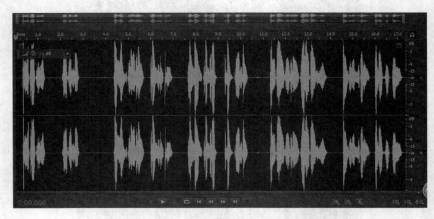

图 10.12　调整后的波形

　　⑤ 选择音频中朗诵内容为"诗作者"的后面一段没有声音的音频,作为降噪的基准,如图 10.13 所示。

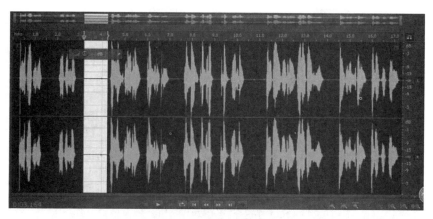

图 10.13　选择降噪基准

　　⑥ 单击"效果"→"降噪/恢复"→"捕捉噪声样本",弹出"捕捉噪声样本"对话框,单击"确定"按钮。

　　⑦ 在波形上双击,全选需要降噪的音频波形。

　　⑧ 单击"效果"→"降噪/恢复"→"降噪(进程)",弹出"效果-降噪"对话框,如图 10.14 所示,单击"应用"按钮。

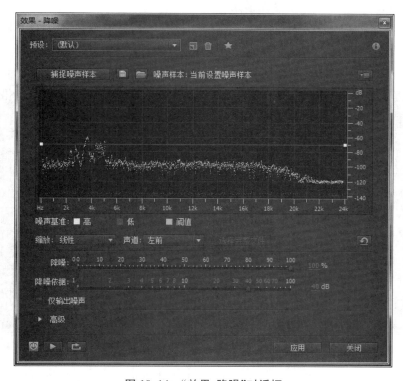

图 10.14　"效果-降噪"对话框

⑨ 拖动波形上"调节振幅"按钮 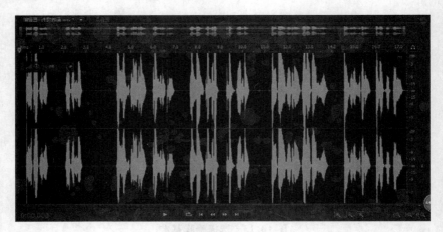 ，调整音频的音量为＋1.2。

⑩ 观察调整后的波形效果，如图 10.15 所示。

图 10.15　调整后的波形

⑪ 单击"文件"→"另存为"，将文件保存为"降噪和调整音量大小. wav"文件。

3. 制作卡拉 OK 伴奏带

① 单击"文件"→"全部关闭"，开始下一个音频的制作。单击"文件"→"打开"，将"原音. mp3"文件打开。

② 在音频波形上双击，选中整个波形。

③ 单击"效果"→"立体声声像"→"中置声道提取"，打开"效果－中置声道提取"对话框，如图 10.16 所示。

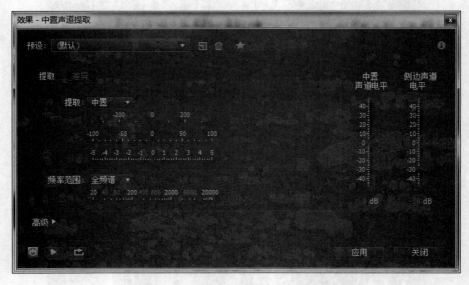

图 10.16　"效果-中置声道提取"对话框

④ 在"预设"下拉列表中选择"卡拉 OK（降低人声 20dB）"，按空格键测试音频效果。单

击"应用"按钮。

　　注：若选择"人声移除"选项，也可实现同样的效果。

　　⑤ 单击"多轨混音"按钮 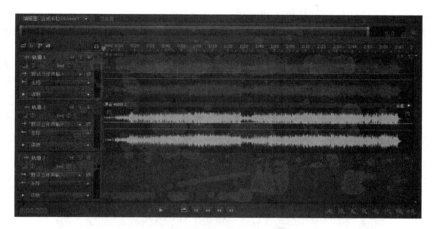（按钮图标），新建一个名称为"卡拉 OK 伴奏带"的项目。

　　⑥ 将"原音.mp3"音频拖入到"轨道 1"最开始处，稍等片刻，音频转换完成。

　　⑦ 按照同样的方法将"原音.mp3"音频再拖入到"轨道 2"中，如图 10.17 所示。

图 10.17　导入素材

　　⑧ 单击"轨道 2"中的音频，单击"效果"→"滤波与均衡"→"图示均衡器（30 段）"，弹出"组合效果－图示均衡器（30 段）"对话框，将从 3.2k 开始的尾部几个参数都设置为最小值－24，如图 10.18 所示。

图 10.18　参数设置

　　⑨ 单击"文件"→"导出"→"多轨混缩"→"完整混音"，将文件导出为"卡拉 OK 伴奏带.wav"文件。

三、混音效果的制作

1. 制作山谷回声效果

① 单击"文件"→"全部关闭",开始下一个音频的制作。单击"文件"→"打开",将"童声.wav"文件打开。

② 在音频波形上双击,选中整个波形。

③ 单击"效果"→"延迟与回声"→"延迟",打开"效果-延迟"对话框,如图 10.19 所示。

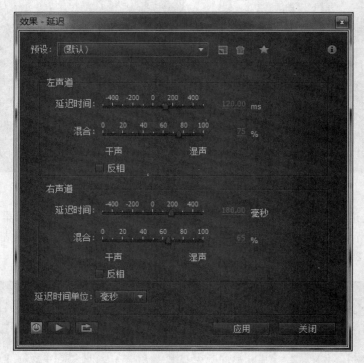

图 10.19 "效果-延迟"对话框

④ 设置左声道的"延迟时间"为-43,"混合"为 24。同样的方式,设置右声道的"延迟时间"为 230,"混合"为 72。

⑤ 单击"应用"按钮,完成对音频的延迟添加。

⑥ 单击"效果"→"混响"→"完全混响",弹出"效果-完全混响"对话框,如图 10.20 所示。

⑦ 设置"混响"的"衰减时间"为 4794ms,"预延迟时间"135.8ms,"扩散"为 107ms,"感知"为 133。设置"早反射"的"左/右位置"为-18%,"高通频率切除"为 23Hz。设置窗口右侧"输出电平"的"干声"为 16.5%,"混响"为 86.4%,"早反射"为 63.6%。

⑧ 单击"应用"按钮,观察处理后的波形。

⑨ 单击"文件"→"另存为",将文件保存为"山谷回声效果.wav"文件。

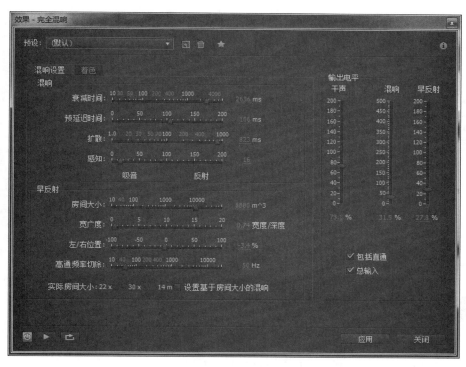

图 10.20　"效果-完全混响"对话框

![实验要求与提示]

　　1. 若要选择整个波形,除了可以通过双击选择,还可以选择"编辑"→"选择"→"全选"命令,将整个波形选中。

　　2. 合并两段音频时,要尽量保证两段音频的音量大小一致,不要出现声音忽高忽低的现象。选择部分波形时,要尽可能将波形放大,以选择精准的区域。

　　3. 在多轨编辑中,可以直接在各个轨道中调整音频的音量和平衡,但不要对音频进行过多的调整,否则会影响音频的输出效果。如果要对音频进行过多的调整,可以切换到单轨,再对音频波形进行调整。

【思考与练习】

　　1. 尝试将一首女声歌曲转换为男生。

　　2. 选一首自己喜欢的歌曲制作成卡拉 OK 伴奏带,再录制自己的歌声,降噪并调整音量,制作属于自己的歌曲。

实验11

视频处理

【实验目的与要求】

1. 掌握视频的基本剪辑技术。
2. 掌握转场、特效、关键帧以及多轨道组合的使用。
3. 掌握字幕特效的添加以及常用视频剪辑工具的使用。

【软硬件环境】

1. 软件环境：Windows 7 操作系统；Adobe Premiere Pro CS4 视频处理软件。
2. 硬件环境：处理器双核 1.6 GHz；内存 2 GB 以上；网络能访问 Internet 网络。

【实验涉及的主要知识单元】

1. 非线性剪辑

非线性剪辑是相对于传统以时间顺序进行线性剪辑的方式而言的。简单地说，就是借助计算机技术完成画面剪辑工作，不再需要众多的外部设备。素材也全部为数字化格式，突破了单一的时间顺序编辑限制，可以按各种顺序排列，具有快捷简便、随机的特性。

2. 转场

转场也叫切换，是指影片中从一个镜头过渡到下一个镜头的表现方式。转场特效可以让视频看起来更流畅、更能引起观众的注意。提示，转场只能添加在两段素材之间，或者某段素材的开头、结尾。

【实验内容与步骤】

制作个人电子相册

电子相册是指可以在电脑上观赏的区别于 CD/VCD 静止图片的特殊文档。电子相册具有传统相册无法比拟的优越性:图、文、声、像并茂的表现手法,随意修改编辑的功能,快速的检索方式,永不褪色的恒久保存特性,以及廉价复制分发的优越手段。

一、新建项目和导入素材

① 双击桌面上的 Adobe Premiere Pro CS4 图标,打开 Adobe Premiere 程序,弹出 Premiere 欢迎窗口。

② 单击"新建项目",在弹出的"新建项目"窗口中,选择保存位置"D:\视频作品",输入项目文件的名称"可爱小天使",单击"确定"按钮。

③ 在弹出的"新建序列"窗口中,选择"HDV"文件夹中的"宽屏幕 HDV 720p25"类型,单击"确定"按钮。

④ 弹出 Adobe Premiere Pro CS4 的界面。为了方便描述,根据区域功能的不同将界面划分为 A、B、C、D、E、F 六个区域,如图 11.1 所示。A 为项目面板;B 为素材监视器、特效控制台和调音台;C 为节目监视器;D 为媒体浏览器,信息、特效和历史记录面板;E 为时间线面板;F 为主音量表和视频剪辑工具。

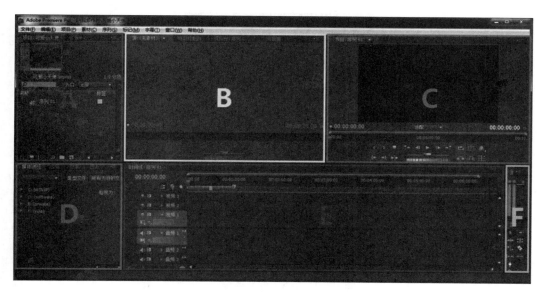

图 11.1　Adobe Premiere Pro CS4 界面

⑤ 在开始编辑之前,需要对项目进行预设置。单击"编辑"→"首选项"→"常规",在弹出的"首选项"对话框中,设置"视频切换默认持续时间"为 25 帧,将"画面大小默认适配为当前项目画面尺寸"选项勾上。

⑥ 单击"项目面板"下方的"新建文件夹"按钮,依次建立三个名为"相片"、"视频"、"音乐"的文件夹,如图 11.2 所示。

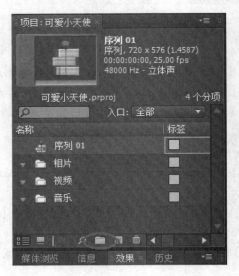

图 11.2　新建文件夹

⑦ 右击"相片"文件夹图标,在弹出的快捷菜单中选择"导入"命令。

⑧ 在弹出的"导入"对话框中,找到 D 盘中"实验 11"文件夹里的"相片素材"文件夹,选中所有图片,然后单击"打开"按钮,将相片导入到 Premiere,如图 11.3 所示。

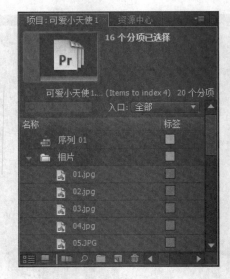

图 11.3　导入素材

⑨ 重复第 7、8 步的操作,依次将文件夹"视频素材"和"音乐素材"里的文件分别导入到 Premiere 中的"视频"和"音乐"文件夹中。

⑩ 单击"项目面板"上的视频素材"v02. mp4",同时按住鼠标左键不放,将其拖放到"时间线"面板的"视频 1"轨道开始处,如图 11.4 所示。

图 11.4 将素材拖入视频轨道

⑪ 用同样的方法,将相片素材"01.jpg"、"02.jpg"和"03.jpg"依次拖放到"视频 2"轨道上。如果显示尺寸较小,可以单击面板左下角的"放大"按钮将其放大,见上图。

⑫ 单击"节目监视器"上的"播放"按钮 进行预览。

二、添加转场效果

① 在 Premiere 界面左下角的"效果面板"中,选择"视频切换"下"缩放"文件夹里面的"缩放拖尾"转场特效,如图 11.5 所示。

图 11.5 效果面板

② 将其拖放到时间线的"01.jpg"和"02.jpg"两个素材之间,如图 11.6 所示。

③ 在"节目监视器"中播放预览,可以看到效果已经显现。

④ 用同样的方法,将"3D 运动"文件夹中的"摆入"转场特效添加到素材"02.jpg"和"03.jpg"之间。

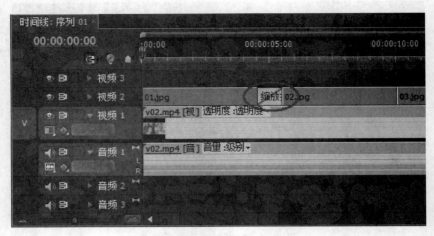

图 11.6　添加视频转场效果

三、制作移动动画

① 将素材"04.jpg"拖放到时间线上"03.jpg"的后面,单击选中,然后将"当前时间指示器"停留在该素材的开始处(时间线的 15 秒 03 处),如图 11.7 所示。

图 11.7　设置"当前时间指示器"

② 打开"特效控制台"面板,单击"运动"前端的小三角,展开"运动"的参数面板,如图 11.8 所示。

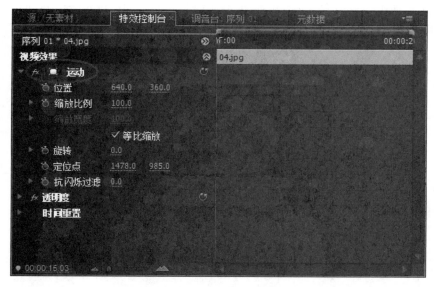

图 11.8 "特效控制台"面板

③ 单击"位置"前面的"切换动画"按钮 ![icon]，打开关键帧记录器，此时，该时间点上，产生了一个"位置"的关键帧，如图 11.9 所示。

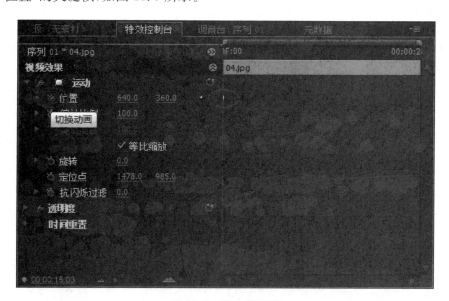

图 11.9 添加关键帧

④ 单击横坐标数值 640，将其设置为 1520 后回车。

注：将横坐标设置为 1520 后，通过"节目监视器"预览，发现素材已经不在屏幕画面中了，其目的是要制作一个飞入动画。

⑤ 单击时间线上的"时间码显示器"，将数值设置为 00:00:16:03。此时，"当前时间指示器"跳转到 16 秒 03 处。

⑥ 再次将横坐标数值设置为 640,此时在 16 秒 03 处自动产生了一个新的关键帧,如图
11.10 所示。

图 11.10　添加关键帧

⑦ 再次单击时间线上的"时间码显示器",将数值设置为 00:00:18:00,让"当前时间指
示器"跳转至 18 秒处。

⑧ 单击"位置"右侧的"添加/移除关键帧"按钮，在 18 秒处添加一个关键帧,不需
要修改坐标数值,如图 11.11 所示。

图 11.11　添加关键帧

⑨ 再次单击时间线上的"时间码显示器",将数值设置为 00:00:20:03,让"当前时间指
示器"跳转至 20 秒 03 处,修改"位置"的横坐标参数值为-240,此时,在该时间点自动生成

一个关键帧,如图 11.12 所示。

图 11.12　添加关键帧

⑩ 将"当前时间指示器"退回到素材"04.jpg"的开始处,单击"节目监视器"窗口中的播放按钮进行预览,可以看到一个横向水平的、从右至左的飞入飞出动画。

四、制作缩放动画

① 将素材"05.jpg"拖放到时间线上"04.jpg"的后面,单击选中。
② 打开"特效控制台"面板,依照前面的方法,设置 4 个"缩放比例"关键帧,如图 11.13 所示。

图 11.13　设置"缩放比例"的关键帧

4 个关键帧的参数分别为:
➢ 20 秒 04 帧,0

> 21 秒 04 帧,100
> 24 秒 04 帧,100
> 25 秒 04 帧,0

③ 在"节目监视器"窗口中预览,可以看到该素材用了 1 秒的时间从无到满屏,停留了 3 秒,再从满屏缩小到无,又用了 1 秒的时间。

五、制作旋转动画

① 将素材"06.jpg"拖放到时间线上"05.jpg"的后面,单击选中,然后将"当前时间指示器"停放在素材的开始处(00:00:25:05)。

② 打开"特效控制台"面板,单击"运动"中"旋转"属性前面的"切换动画"按钮,打开关键帧记录器,与此同时在该时间点上产生了一个关键帧。

③ 将"当前时间指示器"跳转到 27 秒 05 帧处,单击"旋转"后面的数字"0.0",输入数值"360"后回车,此时数值自动变成"1×0.0°"(360 度,表示旋转一圈),并在该时间点上产生一个关键帧,如图 11.14 所示。

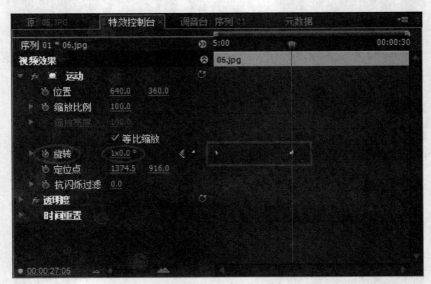

图 11.14　设置"旋转"的关键帧

④ 通过"节目监视器"窗口预览,可以看到素材"06.jpg"用了 2 秒的时间旋转了一周,之后静止不动。

六、多轨道组合运用

① 将素材"07.jpg"拖放到时间线上"06.jpg"的后面,单击选中,然后将"当前时间指示器"停放在素材的开始处(00:00:30:06)。

② 打开"特效控制台"面板,设置 8 个"位置"和"缩放比例"的关键帧,如图 11.15 所示。8 个关键帧的参数分别为:

> 30 秒 06 帧,位置:56、360;缩放比例:20
> 32 秒 06 帧,位置:440、360;缩放比例:100

➢ 34 秒 06 帧,位置:1008、360;缩放比例:100
➢ 35 秒 06 帧,位置:1500、360;缩放比例:20

图 11.15　设置"位置"和"缩放比例"的关键帧

③ 单击"序列"→"添加轨道"命令,在弹出的"添加视音轨"对话框中进行设置,添加一条视频轨,如图 11.16 所示。

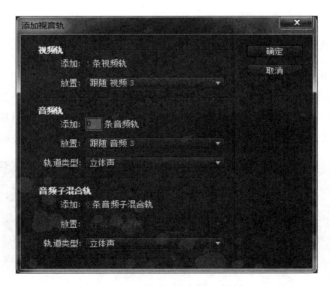

图 11.16　"添加视音轨"对话框

④ 单击"确定"按钮,在"时间线"面板中拖动垂直滚动条,可看到在"视频 3"轨道上面添加了"视频 4"轨道。

⑤ 分别将素材"08.jpg"和"09.jpg"拖放到时间线的"视频 3"和"视频 4"轨道上,起始点分别在 32 秒 06 帧(00:00:32:06)和 34 秒 06 帧(00:00:34:06)处,如图 11.17 所示。

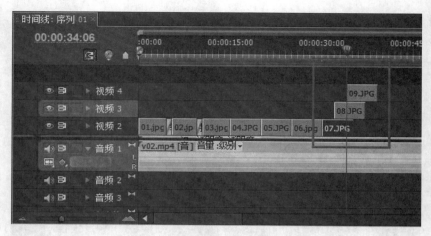

图 11.17   添加素材

⑥ 右击素材"07.jpg",在弹出的快捷菜单中单击"复制"。

⑦ 再右击素材"08.jpg",在弹出的快捷菜单中单击"粘贴属性"。这样,就将素材"07.jpg"的属性特征完全复制到素材"08.jpg"上了。

⑧ 对素材"09.jpg"进行与"08.jpg"同样的操作。

⑨ 通过"节目监视器"窗口进行预览,可以看到由于利用了多轨道叠加,产生了多个素材同时在屏幕中出现的效果。

⑩ 将素材"10.jpg"拖放到时间线的"视频 2"轨道上,放在素材"09.jpg"的后面,即 39 秒 07 帧处,作为本片的结束画面。

七、添加片头字幕

① 鼠标选中"项目"面板中的视频素材"v01.mp4"。

② 将"当前时间指示器"移动到时间线的最开始处,然后按下<Ctrl>键不放,用鼠标将素材"v01.mp4"拖放到"视频 1"轨道的最前端。当"当前时间指示器"右侧出现锯齿状图形时,放开鼠标左键和<Ctrl>键,此时,素材"v01.mp4"添加到"v02.mp4"的前面,如图 11.18 所示。

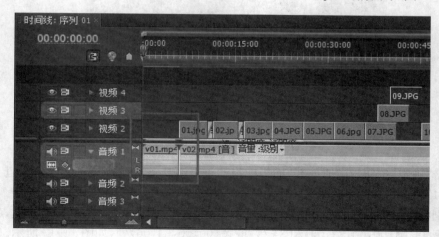

图 11.18   添加素材至视频轨

注：此步操作，如果不按下＜Ctrl＞键，素材"v01. mp4"将会把原来轨道上的"v02. mp4"覆盖掉一部分。

③ 单击"文件"→"新建"→"字幕"，弹出"新建字幕"对话框，单击"确定"按钮。

④ 此时会弹出字幕制作窗口，如图 11.19 所示。

图 11.19　字幕制作窗口

⑤ 在画面任意处单击后输入文字"可爱小天使"，此时文字还不能正确显示。这是因为 Premiere 默认的字体是英文字体，不能完整地显示中文字符，在之后的操作中我们可以通过更改字体使文字正常显示。

⑥ 在字幕制作窗口右侧，设置"属性"中的"字体"为"Adobe HeitiStd"，"字体大小"为 200。之后，标题字幕会自动变为可正常显示的中文字体。

⑦ 选择左侧工具栏中的"选择工具"按钮，在画面中拖曳文字，将文字调整到画面中央，如图 11.20 所示。

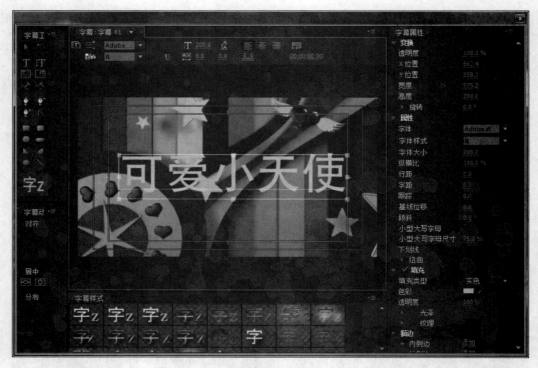

图 11.20   制作完成的字幕窗口

⑧ 完成字幕的制作后关闭字幕制作窗口,此时在项目窗口中会自动生成名为"字幕 01"的字幕素材,如图 11.21 所示。

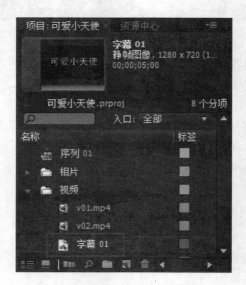

图 11.21   项目窗口中的字幕素材

⑨ 选择项目窗口中的字幕素材"字幕 01",将其拖放至时间线窗口中"视频 2"轨道的最前端,并调整其长度,使其与素材"v01. mp4"对齐。

⑩ 打开"效果"面板,选择"视频切换"下"划像"文件夹里面的"划像交叉"转场特效。

⑪ 将"划像交叉"转场特效分别拖放至"字幕 01"和素材"01. jpg"之间，以及"字幕 01"的前端，使影片更流畅。

⑫ 用鼠标拖拉"视频 1"轨道上素材"v02. mp4"的尾部，进行修剪，使其结束处为 00：00：50：07，如图 11. 22 所示。

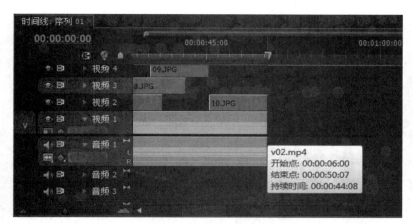

图 11. 22　修剪素材

⑬ 将"划像交叉"转场特效添加到素材"10. jpg"和"v02. mp4"的末尾处，以实现淡出的效果。

八、添加背景音乐

① 将项目面板中的音乐素材"m01. mp3"拖放到时间线的"音频 2"轨道开始处。

② 用鼠标拖拉的方法将素材"m01. mp3"后面多余的部分修剪掉，使其与视频对齐，如图 11. 23 所示。

③ 打开"效果"面板，选择"音频过渡"下"交叉渐隐"文件夹里面的"恒定功率"转场特效。

④ 将"恒定功率"音频转场特效拖放至素材"m01. mp3"的末端，并在"特效控制台"面板中，设置"持续时间"为 4 秒。

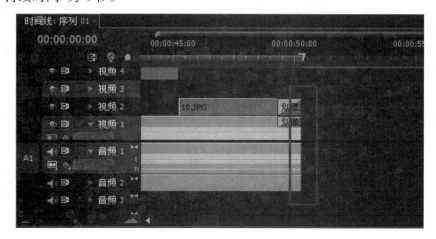

图 11. 23　修剪素材

九、输出

① 在输出之前,单击"文件"→"存储",保存项目文件。
② 单击"文件"→"导出"→"媒体",弹出"导出设置"对话框,如图 11. 24 所示。

图 11. 24　"导出设置"对话框

③ 设置输出的"格式"为"H. 264","预置"为"HDTV 720p 23. 976 高品质",更改输出文件的名称为"可爱小天使",单击"确定"按钮。

④ 此时,与 Premiere 关联的 Adobe Media Encoder 软件被打开,需转换的"可爱小天使. mp4"文件已经添加,如图 11. 25 所示。

⑤ 单击窗口右侧的"Start Queue",窗口下面显示输出进度。等待片刻,影片输出完成,个人电子相册做好了。

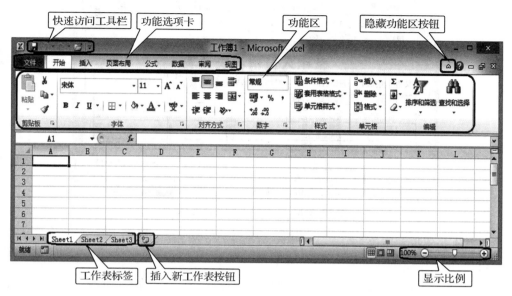

图 12.1 Excel2010 的窗口

【实验内容与步骤】

注：由于本实验内容丰富，在实验过程中可以根据需要选择其中部分内容进行操作。

一、工作表的建立、编辑与格式化

打开 D 盘"实验 12"文件夹中的工作簿文件 gzb.xlsx，该工作簿中已有 3 张工作表。在新人业绩表和新人业绩统计表之间插入一张新工作表，新工作表的数据如图 12.2(a)所示，名为：营销人员统计表，经编辑格式化后如图 12.2(b)所示。

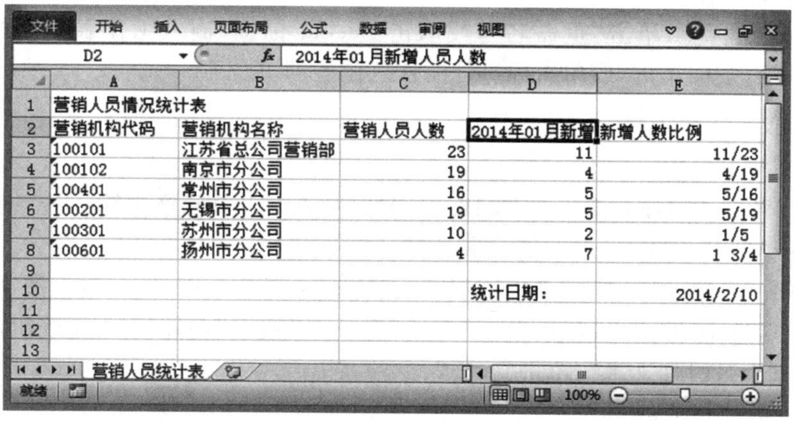

图 12.2(a) 新工作表数据

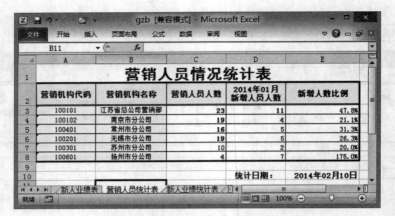

图 12.2(b) "营销人员统计表"样张

1. 工作表的基本操作

(1) 打开工作簿

双击 gzb. xls,或先启动 Excel,再单击"文件"选项卡"打开"命令,打开工作簿 gzb. xls。

(2) 插入工作表

选择"新人业绩统计表",单击"开始"选项卡"单元格"功能区 插入 按钮,选择"插入工作表",则在当前工作表的左侧插入了 Sheet1 工作表。

或单击工作表标签右边的插入工作表图标 ，则在最右边插入了 Sheet1 工作表。

(3) 移动工作表

选择 Sheet1 标签,按住鼠标左键拖动,注意观察出现的黑色三角箭头的位置,它提示工作表插入的位置,当黑色三角指向"新人业绩表"的尾部时即可,则 Sheet1 工作表被移到了"新人业绩表"的右侧。

或右击 Sheet1 标签,单击"移动或复制"命令,在对话框中选中"新人业绩统计表",再单击"确定"。

(4) 重命名工作表

右击 Sheet1 标签,单击"重命名",或双击 Sheet1 标签,输入工作表名:营销人员统计表。输入完成后按回车键,或单击标签外的任意位置即可。

2. 数据的输入与编辑

(1) 输入文字与数字文本

① 选择"营销人员统计表",按图 12.2(a)所示,在 A1 单元格中输入:营销人员情况统计表,分别在 A2:E2、B3:B8、D10 单元格中输入对应的文字。

② 在 A3:A8 单元格中输入数字文本时,需先输入英文单引号,再输入数字。或者先直接输入数字,后选中 A3:A8 区域,单击"开始"选项卡"数字"功能区的 按钮,在对话框的"数字"选项卡中,选择"文本",单击"确定"。

(2) 输入数值与分数

① 在 C3:D8 单元格中输入相应的数值型数据,数据自动右对齐。

② 在 E3:E8 单元格中输入相应的分数,在输入分数时需先行输入"0 ",以避免系统将其视为日期。比如在 E3 单元格中输入"0 11/23"。

注：数值数据长度超过 11 位，系统自动转换为科学计数法表示。

（3）输入日期时间数据

① 在 E10 单元格中输入日期数据"2014－2－10"或"2014/2/10"，数据自动右对齐。

注：对于美国时间系统，"－"和"/"作为日期分隔符，"："作为时间分隔符。

3. 格式化工作表

（1）设置数字格式

① 选中 E3：E8 区域，单击"数字"功能区的 按钮，在对话框的"数字"选项卡中，选择"百分比"，小数位数 1 位，单击"确定"。或直接单击"数字"功能区的 **%** 按钮、增减小数位数 按钮，控制百分比格式，小数保留 1 位。

② 右击 E10 单元格，选择"设置单元格格式"命令，在对话框的"数字"选项卡中选择"日期"，在类型中选择"2001 年 3 月 14 日"，单击"确定"。

③ 对比样张发现日期中的月份应为"02"，可作如下修改，在"数字"选项卡中选择"自定义"，在现有格式的基础上，修改类型：yyyy"年"mm"月"dd"日"，单击"确定"。

（2）单元格文字换行

① 选中 D2 单元格，单击"对齐方式"功能区的自动换行 按钮，或单击"对齐方式"功能区的 按钮，在对话框的"对齐"选项卡中，选中"自动换行"复选框。单击"确定"。

② 对比样张发现 D2 单元格中换行位置不同，因而此处需要手动换行，将光标定位在"新"字前，按下组合键＜Alt＞＋＜Enter＞，单击编辑栏中 按钮，则"2014 年 01 月"与"新增人员人数"分两行显示。

（3）设置字符格式

① 选中 A1 单元格，设置字体为黑体、加粗、22 磅，设置时既可以直接选择"字体"功能区的相关按钮，也可以单击"字体"功能区的 按钮，或右击 A1 单元格打开"设置单元格格式"对话框进行设置。

② 选中 A3：E8 区域，选择"字体"功能区中的相关按钮，设置楷体、11 磅。

③ 先选中 A2：E2 区域，再按住＜Ctrl＞键，选中 D10：E10 区域，设置宋体、加粗、11 磅。

注：在 Excel 中选择不相邻的区域，需要按住＜Ctrl＞键。选择相邻的区域，既可以直接拖动，也可以按住＜Shift＞键。

（4）改变行高和列宽

单击要调整行高的行号，比如单击行号 1，单击"单元格"功能区 的 格式 按钮，选择"行高"命令。在对话框中输入 27，单击"确定"。

或单击行号 1，鼠标指向行号 1 的下线时变形为 ↕，按住鼠标左键，上下拖动至需要的高度，或双击该下线，将行高调整到最合适的高度。

设置列宽与设置行高类似。依次双击 A 列到 E 列列标号的右线，把所有列调整至最合适的列宽。

注：在 Excel 数据处理过程中，某些单元格会出现"＃＃＃＃＃"出错信息，这表示单元格的列宽不够，通过调节其宽度即可显示原有数据。

（5）设置对齐方式

① 选中 A1：E1 区域，单击"对齐方式"功能区的"合并后居中" 按钮，或在"设置单元

格格式"对话框的"对齐"选项卡中设置"水平居中"、"合并单元格",将标题文字"营销人员情况统计表"跨列居中。

② 选中 A2:E2 区域,按住＜Ctrl＞键,再选中 D10、A3:B8 单元格区域,设置水平垂直居中,单击"对齐方式"功能区的▤、▤按钮,或单击"对齐方式"功能区的▣按钮,打开"设置单元格格式"对话框的"对齐"选项卡进行设置。

(6) 设置边框和底纹

① 选中 A2:E8 区域,通过"单元格"功能区 的▤格式▾按钮,选择"设置单元格格式"命令,或右击该区域,选择"设置单元格格式"命令。

② 在对话框的"边框"选项卡中,先单击"线条样式"中最粗实线,再单击"外边框";然后单击"线条样式"中最细实线,再单击"内部"。单击"确定",表格内外框线设置完成。

③ 选中 A2:E2 区域,再次打开"边框"选项卡,先单击"线条样式"中双实线,再单击"边框"区的下线▤按钮。单击"确定",列标题的下线已设为双线。

④ 继续选中 A2:E2 区域,打开"设置单元格格式"对话框的"填充"选项卡,为其设置黄色背景色。

⑤ 选中 A3:B8 区域,再次打开"填充"选项卡,"图案颜色"选择黄色,"图案样式"选择25％灰色。单击"确定",底纹设置完成。

(7) 设置条件格式

① 选中 C3:D8 区域,单击"开始"选项卡"样式"功能区的▤条件格式▾按钮,选择"新建规则"命令,弹出如图 12.3 所示的对话框。

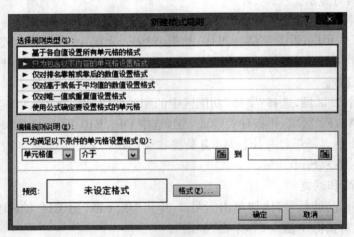

图 12.3 "新建格式规则"对话框

② 单击规则类型中的第 2 行"只为包含以下内容的单元格设置格式",在编辑规则说明中,选择"单元格值"、"大于",在最右边框中输入 10。再单击下方的"格式"按钮,设置字体蓝色、加粗。单击"确定",所有人数超过 10 的数据已突出显示。

③ 用类似的方法,设置所有人数少于 5 的数据以红色粗体显示。

二、数据的计算、图表的建立与格式化

打开工作簿文件 gzb.xls,选择"新人业绩统计表"作为当前工作表,经过数据计算、数据

的图表化后,工作表如图 12.4 所示。其中,考核 FYC 的计算公式＝长险＊20％＋短险＊15％,名次是用 rank 函数按考核 FYC 列数据降序排名,即数据值最大的为第 1 名。

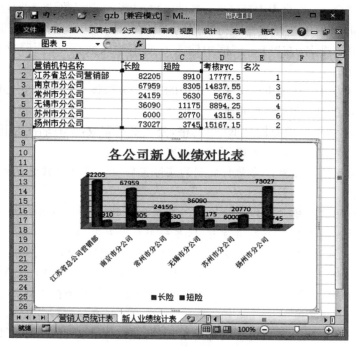

图 12.4 "新人业绩统计表"样张

1. 数据的计算

(1) 公式的使用

① 单击 D2 单元格,输入公式"＝B2＊20％＋C2＊15％",单击编辑栏中![勾选]按钮。

② 选中 D2,鼠标指向单元格右下角的填充柄时,变形为实心十字,向下拖放到 D7 单元格,所有公式复制完成。

③ 注意观察 D2 到 D7 单元格中公式的变化。D2 单元格公式中的 B2、C2,在 D3 单元格公式中分别变为 B3、C3⋯⋯在 D7 单元格公式中分别变为 B7、C7。

注:几类常用的数据填充:

1. 填充相同数据(数值、字符)

方法 1:先填第一个数据,然后拖动填充柄。

方法 2:先在指定的单元格中填入第一个数据,选中需要填充的区域(包括第一个数据所在的单元格),按＜Ctrl＞＋＜D＞。

2. 填充等差序列值(包括时间、日期)

先填入前两个数据,然后选定前两个单元格,拖动选定区右下角的填充柄。

3. 填充公式

选中公式所在单元格,然后拖动填充柄到指定位置。

(2) 函数的使用

注:输入含有函数的公式,如果公式较复杂,建议使用函数向导。

① 选中 E2,单击编辑栏中的 f_x 按钮,或"编辑"功能区的 **Σ 自动求和** ▼按钮,选择"其他函数",弹出"插入函数"对话框。

② 选择类别"全部",在列表中有序排着各种函数,选择 rank 函数,进入"函数参数"对话框。

③ 在"Number"框中选择或输入待排序的 D2;在"Ref"框中选择区域 D2:D7,指明 D2在区域 D2:D7 中的排名;在"Order"框中输入 0 或不输入数据,表明降序排列。单击"确定",公式输入完成。

④ 单击 E2 单元格,在编辑栏选定公式中的"D2:D7",按<F4>键,公式变为"＄D＄2:＄D＄7",单击 ✔ 按钮,公式修改完成。

⑤ 拖动 E2 单元格的填充柄至 E7 单元格,公式复制完成,所有名次已排好。

注:在公式中有 3 种引用单元格(区域)的方式:

相对引用:引用的是相对于当前行或列的实际偏移量。当把公式复制到其他单元格时,行或列引用会改变。

绝对引用:引用的是单元格的实际地址。复制公式时,行和列引用不会改变。

混合引用:行或列中有一个是相对引用,另一个是绝对引用。

绝对引用是在地址中使用两个＄符号:一个在列字母前面,一个在行号前面(如＄D＄2)。Excel 也允许混合引用,即只有一个地址部分是绝对的(如＄A4 或 A＄4)。

默认时,Excel 在公式中创建相对单元格引用,除非公式包含在不同工作簿或工作表中的单元格。

通过多次按<F4>键,可实现行列绝对引用、行绝对列相对引用、行相对列绝对引用和行列相对引用的切换。也可直接在行号和列号前直接加＄符号。

2. 图表的建立

① 选中 A1:C7 区域,单击"插入"选项卡"图表"功能区"柱形图"按钮,选择"簇状圆柱图",或单击"图表"功能区的 ▣ 按钮,打开"插入图表"对话框,选择"簇状圆柱图"。

② 单击图表空白区,按住鼠标左键,将其拖放到 A9 单元格为左上角的区域。

③ 鼠标指向图表右下角,鼠标箭头变为 ↖ 时,按住左键拖动,放大缩小图表,将其正好置于 A9:F26 区域内。利用"图表工具"的"设计",单击"位置"功能区"移动图表"还能将图表置于新工作表中。

④ 单击图表空白区,通过"图表工具"的"设计",单击"图表布局"功能区的下拉 ▼按钮,选择"布局 1",在"图表标题"框内输入"各公司新人业绩对比表"。

⑤ 单击图表空白区,通过"图表工具"的"设计",单击"图表样式"功能区的下拉 ▼按钮,选择"样式 34"。

3. 格式化图表

(1) 设置文字格式

① 图表中各对象的文字格式都可以设置。比如右击图表标题,选择"字体"命令,将图表标题设置为深红色、单下划线。

② 右击图例,选择"字体"命令,将图例文字设置为 11 磅。

(2) 设置图例格式

① 通过"图表工具"的"布局",单击"标签"功能区的 ▥ **图例** ▼按钮,选择"其他图例选项"命令。

② 在对话框中选择图例位置底部，选中"显示图例，但不与图表重叠"复选框。

（3）设置数据标签格式

通过"图表工具"的"布局"，单击"标签"功能区的 🖼 数据标签 ▼按钮，选择"显示"命令。

（4）设置坐标轴格式

通过"图表工具"的"布局"，单击"坐标轴"功能区的坐标轴按钮，选择"主要纵坐标轴"下的"无"，不显示纵坐标轴。

三、数据的复杂计算、排序与分类汇总

打开工作簿文件 gzb.xls，选择"营销人员情况表"作为当前工作表，首先冻结首行，以保持列表头信息不随滚动条移动；设置数据有效性"入司日期必须在 2014 年之前"，根据入司日期计算入司年限；根据身份证号填写每位员工的出生日期、性别；最后，分类汇总统计各营销机构男女员工的人数。工作表如图 12.5 所示。

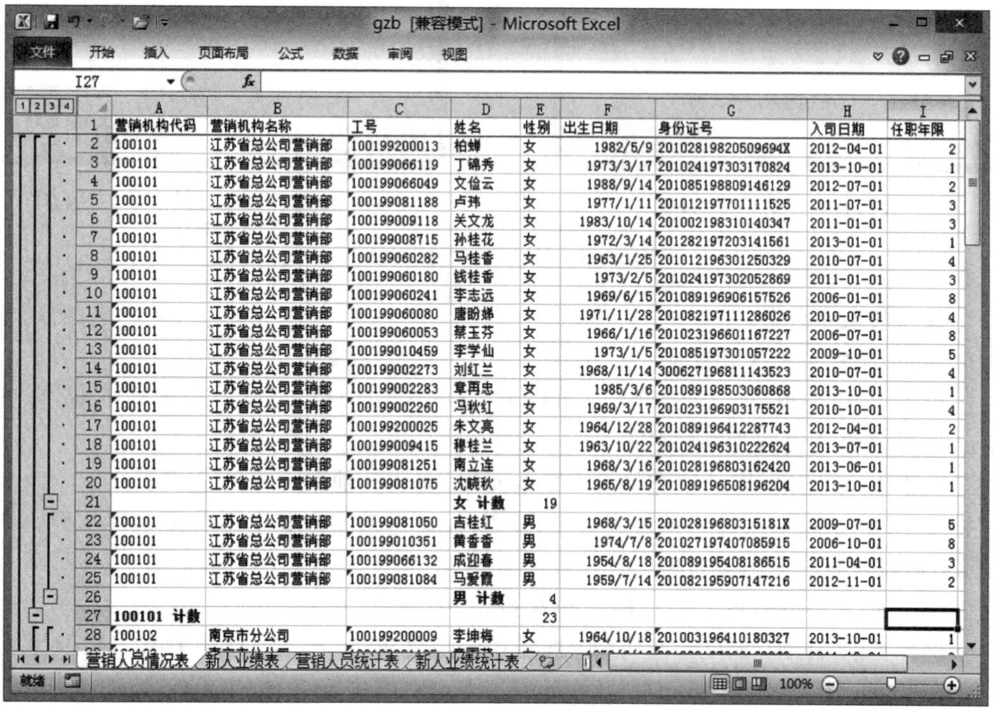

图 12.5 "营销人员情况表"样张

注：我国二代身份证号共 18 位，其中 7～14 位为出生日期，第 17 位偶数标识女性，奇数标识男性。

1. 冻结工作表

① 冻结工作表可以是冻结指定的一个单元格、一行或一列。冻结首行，光标置于数据区的任一位置，单击"视图"选项卡"窗口"功能区的 🔲 冻结窗格 ▼按钮。

② 在下拉菜单中选择"冻结首行"命令，第一行冻结完成。

注：如要取消冻结，在下拉菜单中选择"取消冻结窗格"命令。如要在冻结工作表中，快

速定位到非冻结区域的第一个单元格,按<Ctrl>+<Home>键。

2. 数据有效性

① 选中 H2:H92 区域,单击"数据"选项卡"数据工具"功能区的 数据标签 按钮,弹出"数据有效性"对话框。

② 在对话框的"设置"选项卡中,设置相关的有效性条件,如图 12.6(a)所示。在"输入信息"选项卡中,设置选定单元格时显示的信息,如图 12.6(b)所示。

③ 单击"确定",H2:H92 的数据有效性设置完成,可以输入相关数据进行验证。

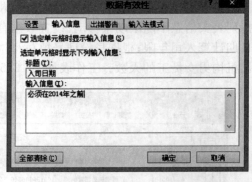

(a) 数据有效性对话框"设置"　　　　　　　(b) 数据有效性对话框"输入信息"

图 12.6　"数据有效性"对话框

3. 数据的复杂计算

(1) 使用函数计算入司年限

① 单击 I2 单元格,输入公式"=year(now())-year(H2)",单击编辑栏中 ✔ 按钮,注意将 I2 单元格格式设置为"常规"。

② 选中 I2 单元格,拖动填充柄至 I92 单元格,完成其他单元格的公式填充。

注:函数 now 返回系统当前日期时间;函数 year 返回指定日期型数据中的年份。

(2) 使用函数计算出生日期

① 单击 F2 单元格,单击编辑栏中的 fx 按钮,弹出"插入函数"对话框。

② 选择类别"日期与时间",在列表中选择 date 函数,单击"确定",打开"函数参数"对话框。

③ 在"Year"框中输入:mid(G2,7,4),在"Month"框中输入:mid(G2,11,2),在"Day"框中输入:mid(G2,13,2),单击"确定"。

④ 选中 F2 单元格,拖动填充柄至 F92 单元格,完成其他单元格的公式填充。

注:函数 date(year, month, day)返回有 year/month/day 所代表的日期数据;

函数 mid(text, start_num, num_chars)返回 text 文本字符串中从 start_num 位置开始的连续 num_chars 个字符。

(3) 使用函数填写性别

具体操作略。请参见"营销人员情况表"中 E2:E92 单元格中的函数使用。

注:函数 if (logical_test, value_if_true, value_if_false)执行真假判断,根据 logical_test 逻辑值的真假,返回不同的结果;

函数 mod(number,divisor)返回 number 除以 divisor 的余数。

（4）使用函数计算不同工作表中的数据

具体操作略。请参见"新人业绩统计表"中 B2:C7 单元格中的函数使用。

注:Excel 包括了 300 多个函数,如果这还不够,可以从第三方供应商处购买额外的专用函数甚至可以创建自己的定制函数(使用 VBA)。常用函数如下:

sum(number1,number2,…)返回单元格区域数字之和;

average(number1,number2,…)返回参数的算术平均值;

count(value1,value2,…)计算参数表中的数字参数和包含数字参数的单元格个数;

sumif(range, criteria, sum_range)根据指定条件对若干单元格求和;

max(number1,number2,…)返回一组值中的最大值;

sqrt(number)返回参数的平方根;

abs(number)返回给定值的绝对值。

4．数据排序

（1）常规排序

① 单击待排序列的任意一个单元格,如单击 A8 单元格。

② 单击"数据"选项卡"排序和筛选"功能区的 ⬆️、⬇️ 按钮,可进行升序或降序排列。单击升序 ⬆️ 按钮,工作表中数据按营销机构代码升序排列。

（2）自定义排序

① 单击待排序数据区的任意一个单元格,如单击 D10 单元格。

② 单击"数据"选项卡"排序和筛选"功能区的排序按钮,打开"排序"对话框。

③ 在对话框中,主要关键字已设置为"营销机构代码",单击"添加条件"按钮,在新增的"次要关键字"栏中选择:性别,"次序"栏中选择:降序。

④ 单击"确定",弹出"排序提醒"对话框,由于营销机构代码是以文本形式存储的数字,选择"分别将数字和以文本形式存储的数字排序",单击"确定",排序完成。

5．分类汇总数据

注:要分类汇总数据,就必须先对要分类字段列进行排序。

（1）简单分类汇总

① 营销人员情况表中已按营销机构代码升序。

② 单击"数据"选项卡"分级显示"功能区的分类汇总按钮,打开"分类汇总"对话框。

③ 在对话框中,分类字段:营销机构代码,汇总方式:计数,汇总项:性别。如图 12.7(a)所示。

④ 单击"确定",工作表已分类汇总出各营销机构的人数及总人数。

⑤ 单击工作表左边的分级显示符号 [1][2][3] 中的数字可分级显示数据,单击 ⊞ 和 ⊟ 符号显示或隐藏明细数据行。

（2）嵌套分类汇总

① 营销人员情况表中已按营销机构代码升序、性别降序排列。

② 再次打开"分类汇总"对话框,在对话框中选择分类字段:性别,汇总方式:计数,汇总项:性别。最后,取消选中"替换当前分类汇总"复选框。如图 12.7(b)所示。

③ 单击"确定",工作表已分类汇总各营销机构、男女员工的人数及总人数。

注：若要取消分类汇总，可在"分类汇总"对话框中单击左下角的 全部删除(R) 按钮。

(a)"分类汇总"对话框　　　　　　　(b) 嵌套分类汇总设置

图 12.7　"分类汇总"对话框

四、数据的筛选与数据透视表

打开 gzb. xls,将"新人业绩表"作为当前表,复制该工作表两次,准备用作自动筛选、高级筛选及数据透视表。在"新人业绩表"中,自动筛选出销售长险超过10 000且短险高于1 000 的业务员数据,如图 12.8 所示;在"新人业绩表(2)"中,用高级筛选,筛选出销售长险超过 10 000 或短险高于1 000 的业务员数据,如图 12.9 所示;在"新人业绩表(3)"中,创建数据透视表,分类统计各营销机构每种职级人员的长险和短险平均销售情况,如图 12.10 所示。

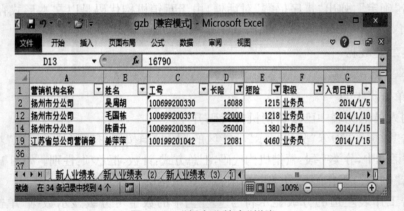

图 12.8　"新人业绩表"样张

1. 复制工作表

① 单击"新人业绩表"标签,按住<Ctrl>键同时按鼠标左键拖动到右侧,松开按键后,则"新人业绩表(2)"复制完成。

② 右击"新人业绩表"标签,选择"移动或复制"命令,打开"移动或复制工作表"对话框。

③ 由于在同一工作簿内复制工作表,不需要重新选择工作簿,只要在对话框中选择新

工作表的位置,单击列表中的“营销人员统计表”。

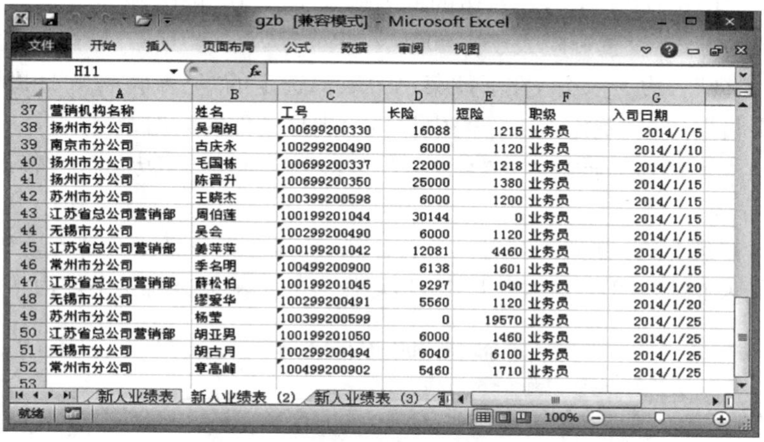

	A	B	C	D	E	F	G
37	营销机构名称	姓名	工号	长险	短险	职级	入司日期
38	扬州市分公司	吴周胡	100699200330	16088	1215	业务员	2014/1/5
39	南京市分公司	古庆永	100299200490	6000	1120	业务员	2014/1/10
40	扬州市分公司	毛国栋	100699200337	22000	1218	业务员	2014/1/10
41	扬州市分公司	陈晋升	100699200350	25000	1380	业务员	2014/1/15
42	苏州市分公司	王晓杰	100399200598	6000	1200	业务员	2014/1/15
43	江苏省总公司营销部	周伯莲	100199201044	30144	0	业务员	2014/1/15
44	无锡市分公司	吴会	100299200490	6000	1120	业务员	2014/1/15
45	江苏省总公司营销部	姜萍萍	100199201042	12081	4460	业务员	2014/1/15
46	常州市分公司	季名明	100499200900	6138	1601	业务员	2014/1/15
47	江苏省总公司营销部	薛松柏	100199201045	9297	1040	业务员	2014/1/20
48	无锡市分公司	缪爱华	100299200491	5560	1120	业务员	2014/1/20
49	苏州市分公司	杨莹	100399200599	0	19570	业务员	2014/1/25
50	江苏省总公司营销部	胡亚男	100199201050	6000	1460	业务员	2014/1/25
51	无锡市分公司	胡古月	100299200494	6040	6100	业务员	2014/1/25
52	常州市分公司	章高峰	100499200902	5460	1710	业务员	2014/1/25
53							

图 12.9 “新人业绩表(2)”样张

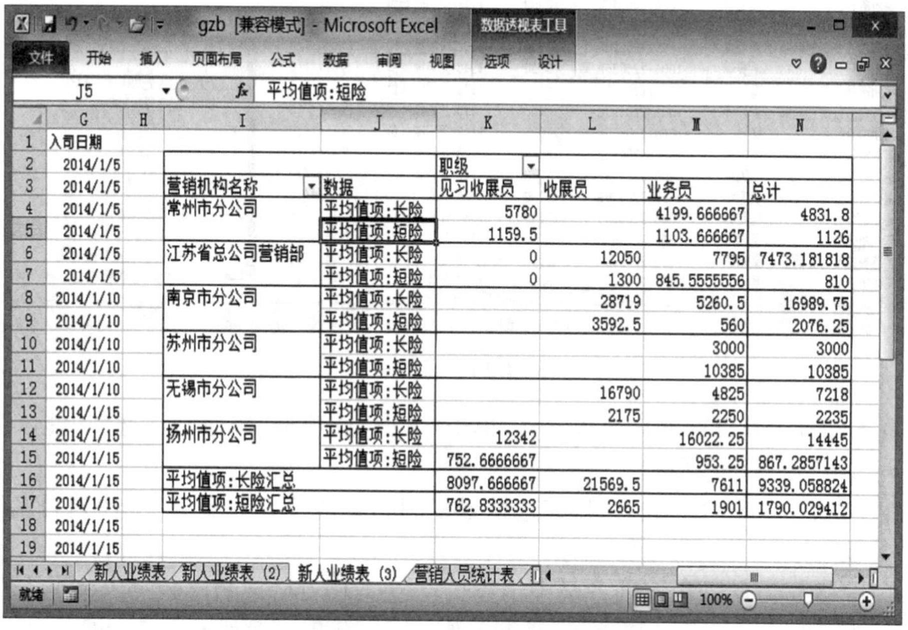

	G	H	I	J	K	L	M	N
1	入司日期							
2	2014/1/5				职级			
3	2014/1/5		营销机构名称	数据	见习收展员	收展员	业务员	总计
4	2014/1/5		常州市分公司	平均值项:长险	5780		4199.666667	4831.8
5	2014/1/5			平均值项:短险	1159.5		1103.666667	1126
6	2014/1/5		江苏省总公司营销部	平均值项:长险	0	12050	7795	7473.181818
7	2014/1/5			平均值项:短险	0	1300	845.5555556	810
8	2014/1/10		南京市分公司	平均值项:长险		28719	5260.5	16989.75
9	2014/1/10			平均值项:短险		3592.5	560	2076.25
10	2014/1/10		苏州市分公司	平均值项:长险			3000	3000
11	2014/1/10			平均值项:短险			10385	10385
12	2014/1/10		无锡市分公司	平均值项:长险		16790	4825	7218
13	2014/1/15			平均值项:短险		2175	2250	2235
14	2014/1/15		扬州市分公司	平均值项:长险	12342		16022.25	14445
15	2014/1/15			平均值项:短险	752.6666667		953.25	867.2857143
16	2014/1/15		平均值项:长险汇总		8097.666667	21569.5	7611	9339.058824
17	2014/1/15		平均值项:短险汇总		762.8333333	2665	1901	1790.029412
18	2014/1/15							
19	2014/1/15							

图 12.10 “新人业绩表(3)”样张

④ 选中“建立副本”复选框,单击“确定”,则在“营销人员统计表”之前,复制了“新人业绩表(3)”。

2. 数据筛选

(1) 自动筛选

① 单击“新人业绩表”标签,将光标置于要筛选的数据清单的任一单元格。

② 选择“数据”选项卡“排序和筛选”功能区的筛选按钮,即可看到每列标题旁有▾按钮。

③ 单击"长险"右边 ▼ 按钮,选择"数字筛选"的"大于",弹出"自定义自动筛选方式"对话框。

④ 在对话框中选择"大于",在右边的框内输入 10 000,单击"确定"。

⑤ 用类似的方式,设置短险大于 1 000。

⑥ 单击"职级"右边 ▼ 按钮,在下拉菜单中取消选定的"见习收展员"和"收展员",只保留选中的"业务员",单击"确定",工作表中只显示满足条件的数据。

注:要取消自动筛选可再次单击"数据"选项卡"排序和筛选"功能区的筛选按钮。

(2) 高级筛选

注:要进行高级筛选,首先需要选择条件区域,确保与数据区至少留空一行或一列。

① 单击"新人业绩表(2)"标签,把 I1:K3 区域作为条件区,输入筛选条件,如图 12.11 所示。

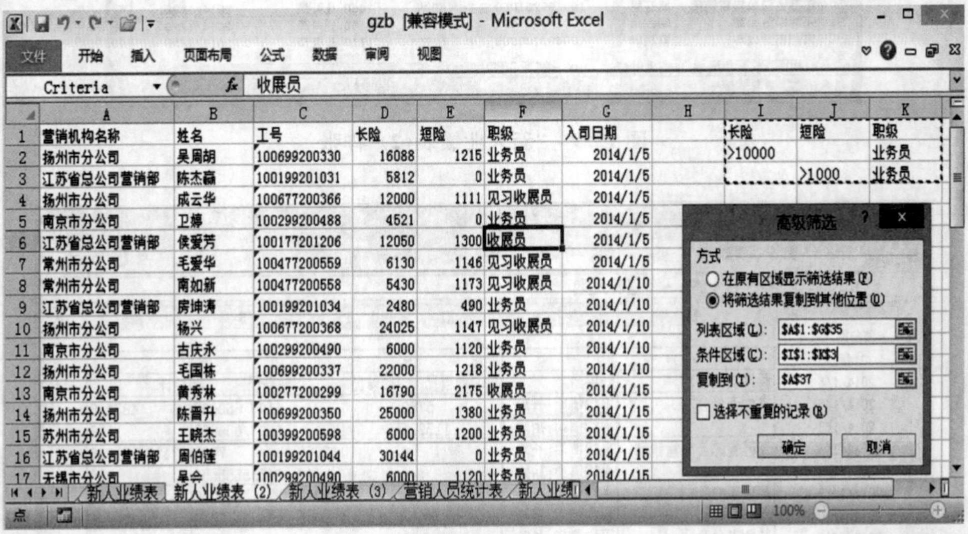

图 12.11 高级筛选

② 将光标置于数据区的任一单元格,单击"数据"选项卡"排序和筛选"功能区的 📉 高级 按钮,打开"高级筛选"对话框。

③ 在"方式"选项组中,选定"将筛选结果复制到其他位置",然后指定"列表区域"、"条件区域"和"复制到",如图 12.11 所示。

④ 单击"确定",筛选出了业务员中销售长险超过 10 000 或短险超过 1 000 的数据行。

注:条件区中输入条件时应遵循,两个条件在同一行则表示同时满足,相当于"与",而两个条件不在同一行则表示满足其中的任何一个均可,相当于"或"。另外,对于字符型数据的比较,只需要输入该字符串;而数值型数据则需要在数字前面加上关系运算符。

3. 数据透视表

① 单击"新人业绩表(3)"标签,将光标置于数据区的任一单元格。

② 单击"插入"选项卡"表格"功能区的"数据透视表"按钮,选择"数据透视表"命令。

③ 在对话框中,选择 A1:G35 区域,选择放置数据透视表的位置为"现有工作表"的 I2 单元格,单击"确定"。

④ 在打开的"数据透视表字段列表"对话框中,将"营销机构名称"字段拖至行,"职级"

字段拖至列,将"长险"、"短险"字段拖至值。如图 12.12 所示。

⑤ 分别单击"∑数值"标签下的"求和项:长险"、"求和项:短险",在弹出的"值字段设置"对话框中,选择计算类型:平均值,单击"确定"。

⑥ 再将"列标签"下的"∑数值"项拖至"行标签"中。

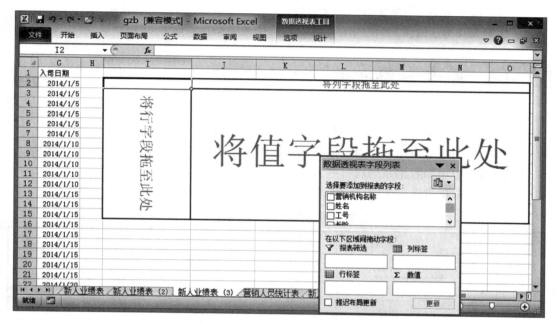

图 12.12　数据透视表字段选取

【实验要求与提示】

1. 在常规格式下,在单元格中输入 8,系统以数值型数据处理;输入 8－8 和 8－8－8,系统以日期型数据处理;输入 8－8－8－8,则以文本数据处理;输入＝8－8－8－8,则以公式处理,结果为－16。

2. 公式复制时,可以先"复制"再"粘贴"或"选择性粘贴",也可以拖动填充柄完成。但是,首先得注意公式中的引用地址,是相对地址还是绝对地址,如果希望公式中的引用地址不随复制单元格的变化而变化,则使用绝对地址,即地址带有"＄"符号。

3. 利用图表形式显示数据,使得数据表达能更加直观、易懂。Excel 中提供了多种类型的图表,以表达不同类型的数据,读者可以根据数据的特点选择不同的图表类型。饼图一般用于各项值在总量中所占比率;柱形图常用于表达同一时间多个项目值的差异或不同项目值的差异;折线图则适合反应某一项目值在一段时间内的变化趋势;散点图多适合多组项目值之间的关联。此外,Excel2010 中新增迷你图,可以选择要绘制的迷你图类型,迷你图放在单元格中以可视化的方式辅助了解数据的变化状态。

4. Excel 中常见的出错信息:

① ＃＃＃＃错误:当列宽不够时,或者使用了负的日期或负的时间;

② ＃DIV/0! 错误:当数字被零(0)除时;

③ ♯N/A 错误:当数值对函数或公式不可用时;

④ ♯NAME? 错误:当 Excel 未识别公式中的文本时;

⑤ ♯NULL! 错误:当指定不相交的两个区域的交点时;

⑥ ♯NUM! 错误:当公式或函数中使用无效数字值时;

⑦ ♯REF! 错误:当单元格引用无效时;

⑧ ♯VALUE! 错误:当使用的参数或者操作数类型错误时。

【思考与练习】

1. 若某一单元格的内容为"xh2001",用拖动填充后,填充的结果是什么?

2. 包含公式或函数的单元格的移动和复制有何不同?

3. 单元格的绝对引用和相对引用有何不同? 何时要用绝对引用?

4. 向图表中增加数据系列有哪些方法?

5. 现有几家单位员工 1990 年和 2000 年的月收入情况表如下:

单位员工 1990 年和 2000 年的月收入情况表

序号	单位	姓名	性别	1990 年月收入(元)	2000 年月收入(元)
1	A 公司	高翔	男	750.00	2 500.00
2	A 公司	李志新	男	800.00	3 000.00
3	B 工厂	汤明颖	女	320.00	865.00
4	C 学校	张厚宝	男	560.00	1 600.00
5	A 公司	柳燕	女	800.00	2 800.00
6	C 学校	李小文	女	480.00	1 300.00
7	B 工厂	郭建伟	男	420.00	1 058.00

要求:

(1) 在 excellx. xls 工作簿的 Sheet1 工作表中,参照上面的数据建立一张"单位员工 1990 年和 2000 年的月收入情况表",格式如上表。并增加"月收入增加(元)"列,其数据用公式计算得到;"序号"列的数据用填充获得。

(2) 在 excellx. xls 工作簿的 Sheet2 工作表中,制作"单位人均年收入汇总表"(如下表),其中 1990 年和 2000 年单位人均年收入各项数值应利用表间关系和计算公式计算。

单位人均年收入汇总表

单　位	年人均收入(元)	
	1990 年	2000 年
A 公司		
B 工厂		
C 学校		

实验 13

演示文稿的制作及个性化处理

【实验目的与要求】

1. 了解 PowerPoint 2010 的用户界面。
2. 学会利用幻灯片版式设计来创建演示文稿,掌握演示文稿的基本操作。
3. 掌握幻灯片的基本制作方法;熟练掌握插入各种对象的方法。
4. 掌握利用幻灯片母板、配色方案、背景设置、动画设计等功能对演示文稿进行个性化处理的方法。
5. 掌握超文本链接、幻灯片的切换、幻灯片放映等技巧。

【软硬件环境】

1. 软件环境:Windows 7 操作系统;PowerPoint 2010 应用软件。
2. 硬件环境:处理器双核 1.6 GHz;内存 2 GB 以上;网络能访问 internet 网络。

【实验涉及的主要知识单元】

1. Windows 的基本概念及基本操作方法。
2. Word,Excel,PowerPoint 等软件的基本操作。

【实验内容与步骤】

一、PowerPoint 2010 的启动、保存与退出

1. 启动 Microsoft PowerPoint 2010

① 依次点击"开始" → "所有程序" → "Microsoft Office" → "Microsoft PowerPoint

2010"，打开 PowerPoint 系统。

②　系统自动创建一个文件名为"演示文稿 1"的空演示文稿，如图 13.1 所示。

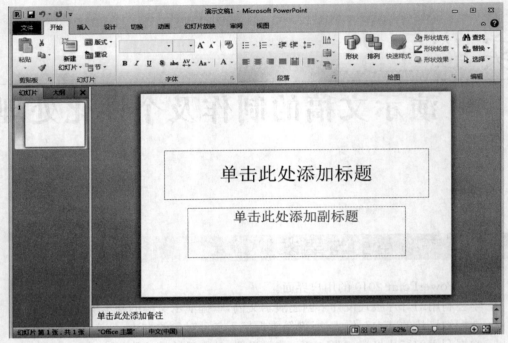

图 13.1　PowerPoint2010 基本操作界面

注：若桌面上有 Microsoft PowerPoint 2010 的快捷图标，也可双击之进入系统。

2. 保存幻灯片

①　选择"文件"选项卡，单击"保存"按钮。

②　弹出"另存为"对话框。

③　选择保存位置，系统默认的目录是"库→文档"，可以把文件保存在这个目录（也可以创建一个自己的文件夹保存在该文件夹）下。在"文件名"文本框中输入一个文件名。

3. 退出 Microsoft PowerPoint 2010

退出 Microsoft PowerPoint 2010 有两种方法：选择"文件"选项卡中的"关闭"按钮或单击 PowerPoint 2010 窗口标题栏上的"关闭"按钮。若在退出之前没有保存演示文稿，则在执行"关闭"命令之后，系统会出现警告对话框，提示应保存文档。若单击"保存"按钮，则系统保存对演示文稿的修改后退出；如单击"不保存"按钮，则不保存修改而直接退出，本次对文稿的修改将丢失，文稿中保留本次修改之前的状态；如单击"取消"按钮，则取消退出，返回到系统的工作窗口，可继续对演示文进行编辑。

二、制作"自我简介"演示文稿

1. 制作第 1 张幻灯片

①　击窗口上方的"开始"选项卡，选择"版式"右侧之按钮 ，在下拉列表中选择"标题幻

灯片"。如图 13.2(a)所示。

② 单击标题栏,输入"自我介绍";单击副标题,输入"——你的姓名"。如图 13.2(b)所示。

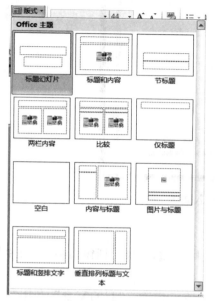

(a) 幻灯片版式任务窗格　　　　　　(b) 标题幻灯片示例

图 13.2　第一张标题幻灯片制作示意

③ 选中标题文字,利用"开始"选项卡中的"字体"工具设置适当的字体、字号(如宋体,二号),"字体"工具如图 13.3 所示。

④ 依照同样的方法设置副标题的字体、字号(如宋体,三号)。

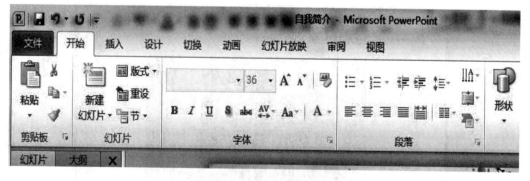

图 13.3　字体工具示意图

2. 制作第 2 张幻灯片

① 单击"开始"选项卡,选择"新建幻灯片"右侧之按钮▼,选择对话窗口中的"标题和内容"版式。

② 在标题栏内输入"基本信息",在标题栏下方的文本框内输入相应的个人信息,修改标题及个人信息的字号、字体等,使之达到美观效果。如图 13.4 所示。

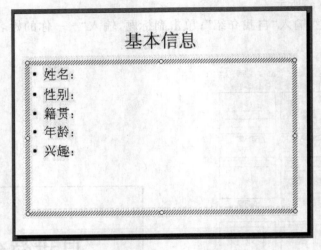

图 13.4　在幻灯片中输入文本

3. 制作第 3 张幻灯片

① 单击"开始"选项卡,选择"新建幻灯片"右侧之按钮▼,选择对话窗口中的"图片与标题"版式。

② 将新建幻灯片上的标题栏移至图片栏的上方并在其内输入"我的家乡",利用"字体"工具对其做适当修饰。

③ 适当调整图片栏上方的标题栏、图片栏及图片栏下方的文本框的位置,在图片栏内插入一幅预先准备好的图片,并做适当修饰。

④ 在图片栏下方的文本框内输入"精致扬州,精致瘦西湖,精致五亭桥",并作适当修饰,如图 13.5 所示。

图 13.5　在幻灯片中插入图片效果示意

4．制作第 4、5 张幻灯片

① 按照操作 2，制作标题为"我的大学"第 4 张幻灯片。

② 按照操作 2，制作标题为"我的梦想"第 5 张幻灯片。

5．制作第 6 张幻灯片

① 单击"开始"选项卡，选择"新建幻灯片"右侧之按钮▼，选择对话窗口中的"空白"版式。

② 选择"插入"选项卡中的"艺术字"按钮，打开"艺术字"对话框，选择一种艺术字形状（如图 13.6 所示），在幻灯片上出现插入艺术字内容文本框后，在文本框中输入"谢谢！"。

图 13.6　艺术字设置对话框

③ 对艺术字作美化处理。

三、演示文稿的个性化

1．幻灯片母板设计

① 单击"视图"选项卡，选择"幻灯片母板"，如图 13.7 所示。

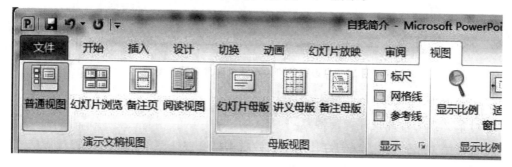

图 13.7　选择幻灯片母板工具示意

② 在幻灯片母板页面底部的三个文本框内分别插入日期、制作单位、幻灯片编号，如图 13.8 所示。

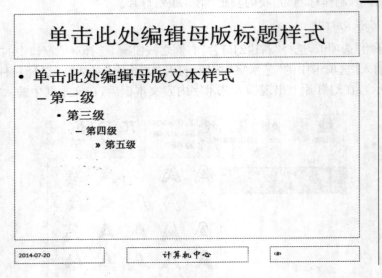

图 13.8   设计幻灯片母板示意

③ 插入预先准备好的图片作为幻灯片的背景，调整背景图片的大小，适当美化幻灯片母板，并设置图片置于底层。如图 13.9 所示。

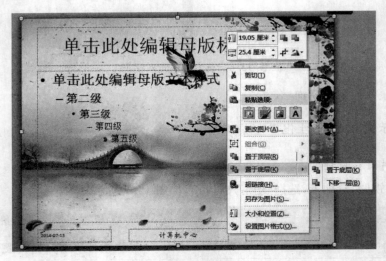

图 13.9   设计幻灯片母板中对象的层次示意

④ 关闭母板。

2. 对第 2 张幻灯片设计背景格式

① 选择第 2 张幻灯片，在幻灯片的空白处右击打开快捷菜单，选择"设置背景格式"，打开"设置背景格式"对话框，如图 13.10 所示。

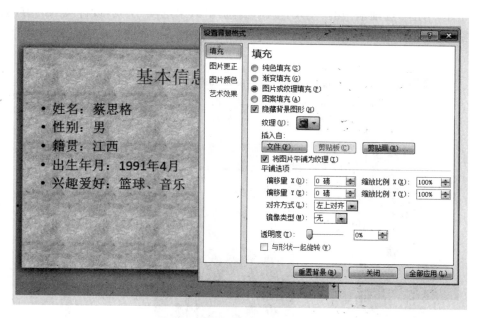

图 13.10　设置幻灯片背景格式示意

② 选择"填充/图片及纹理填充",打开"纹理"下拉列表,选择"信纸"。

③ 选择"隐藏背景图形"。

④ 选择"关闭"。此时仅将第 2 张幻灯片的背景作了修改而不影响其他幻灯片,如果选择"全部应用",则将所有幻灯片的背景重置。

3. 对第 3 张幻灯片预设动画

① 选择第 3 张幻灯片,并选择要添加动画的标题文本框,如图 13.11 所示。

图 13.11　选择待预设动画的对象示意

② 选择"动画"选项卡中的"飞入"按钮,并选择"效果选项"工具,设计飞入的方向(如单击时自左则飞入)。如图 13.12 所示。

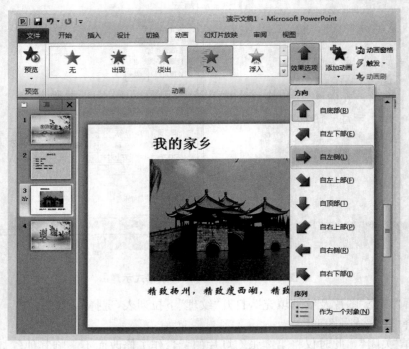

图 13.12 预设幻灯片上对象的动画示意

③ 选择幻灯片 3 中的其余两个对象,分别为其设计动画。

④ 点击播放,即可看到所设置的效果。

4. 为最后一张幻灯片插入媒体对象

① 选中最后一张幻灯片。

② 点击"插入"选项卡,选择"视频"中的"文件中的视频"按钮,打开对话框,插入预先准备好的视频文件,如图 13.13 所示。

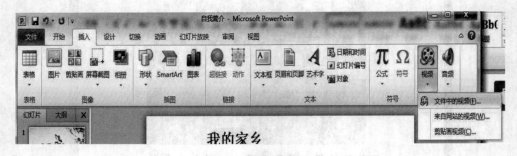

图 13.13 插入视频示意

③ 点击"插入"选项卡,选择"音频"中的"文件中的声音"按钮,打开对话框,插入预先准备好的音频文件。如图 13.14 所示。

我的家乡

图 13.14　插入音频示意

注：在 PowerPoint 的演示文稿中，除了可以添加已有的声音外，还可以添加自己录制的声音。既可以为单张幻灯片录制声音，也可以为整个演示文稿录制声音或录制旁白，在幻灯片放映时播放。

④ 点击播放，即可看到所设置的效果。

5．为第 2 张幻灯片设置超链接

① 在普通视图下，选中第 2 张幻灯片。

② 选择"插入/形状"，选择"动作按钮"中的左箭头插入，如图 13.15 所示。

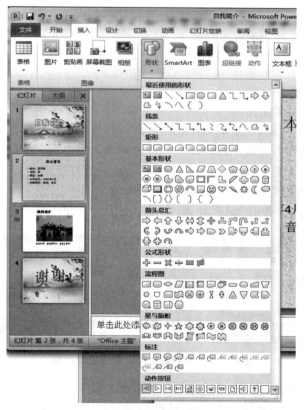

图 13.15　【自选图形】菜单

③ 选中左箭头，在幻灯片上拖动鼠标，绘制出箭头后松开左键，弹出"动作设置"对话框，选择"超链接到/第一张幻灯片"，如图 13.16 所示。

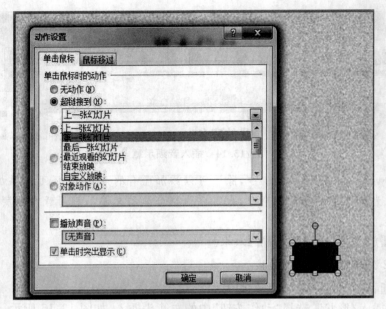

图 13.16　为超链接设置动作示意

④ 点击"确定"按钮。

⑤ 点击播放,查看设计效果。

⑥ 保存演示文稿。

6. 编辑放映过程

(1) 设置幻灯片切换方式

注:幻灯片的切换方式,就是幻灯片放映时进入和离开屏幕时的方式,是一种特殊效果,这种特殊效果可以使演示文稿中的幻灯片从一张切换到另一张。设计幻灯片切换方式时,既可以为一组幻灯片设置一种切换方式,也可以对每一张幻灯片分别设置不同的切换效果。

① 选择需要设置幻灯片切换方式的幻灯片。

② 选择"切换"选项卡中的"擦除"功能,为所选中幻灯片预设切换效果。如图 13.17 所示。

图 13.17　为幻灯片设计切换效果示意

③ 单击"效果选项"按钮,任选其中的一种效果。选中预览按钮,幻灯片会自动显示这种效果。同时也可设置切换的速度,以及选择切换时是否有声音等。

④ 用同样的方法为其他幻灯片的设置切换效果。

注:幻灯片放映时,系统默认为通过鼠标单击来切换,也可以通过设置来让幻灯片自动转换。在图 13.17 中,设定幻灯片"单击鼠标时"切换,或者是设定每隔一定的时间切换。测

试两种切换方式的差异。

（2）设置幻灯片放映方式

① 设定单击鼠标换片，单击下方的 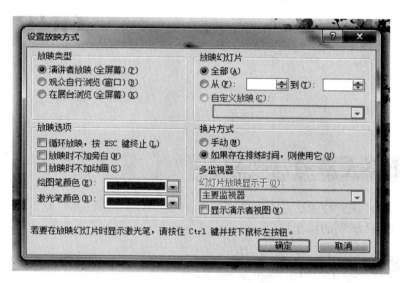 观看放映效果。

② 设定每隔 5 秒自动切换，单击"幻灯片放映/从当前幻灯片开始"，观看设置以后的播放效果。

③ 单击"幻灯片放映/设置幻灯片放映"，打开"设置放映方式"对话框，利用对话框对放映选项进行高级设置。如图 13.18 所示。

图 13.18 【设置放映方式】对话框

注：演示文稿左下方有 3 个按钮，称为视图方式切换按钮，用于快速切换到不同的视图，从左到右依次为："普通视图"、"幻灯片浏览视图"、"幻灯片放映"。

【实验要求与提示】

1. 使用 PowerPoint 时应该注意色彩搭配、画面布局等方面，使设计的幻灯片美观、整洁。

2. 考虑到设计的效率，应准备一些如模板、影音资料等素材。

【思考与练习】

1. 一般演示文稿创建的步骤是什么？

2. 如何将图片作为幻灯片的背景？

3. 在 PowerPoint 中，可以插入的对象很多。尝试在演示文档中插入几幅漂亮的图片、一个表格、一个超级链接、一段视频、一个表格等。

4. 幻灯片版式、背景、母板有何不同？

5. 幻灯片配色方案有何用处？如何设置？

实验 14

OCR 识别

【实验目的与要求】

1. 了解 OCR 识别技术。
2. 掌握 OCR 识别的操作技巧。

【软硬件环境】

1. 软件环境:Windows 7 操作系统;汉王 PDF OCR。
2. 硬件环境:处理器双核 1.6 GHz;内存 2 GB 以上。

【实验涉及的主要知识单元】

1. OCR

OCR(Optical Character Recognition 光学字符识别)是指使用电子设备捕捉纸上的文字符号,检测其形状,识别出字符并以计算机文字的形式表示。通俗地讲,OCR 技术就是让计算机认字、自动输入文字。

OCR 的基本原理是先通过扫描仪或数码相机获取文稿的图像信息,再通过识别软件分析文字形态,判断文字编码,并保存为通用的文本格式,以便用文字处理软件加工,提高文字输入效率。

我们经常要编辑、复制图片内的文字,需将图片文字转换至 word 中处理,重新输入工作效率低,OCR 软件提供将图片文字转换成文本格式的功能。

2. 常用 OCR 软件

国内开发有汉王 PDF OCR 和清华紫光 OCR 等文字识别软件,国外开发的有 ABBYY Finereader(泰比)和 Readiris 等。OCR 识别软件各有专长,国内产品更新慢,中文识别率高;国外产品更新周期短,处理速度快,西文的识别率高。汉王 PDF OCR 是汉王 OCR 6.0 和尚书七号的升级版,可以将 PDF 格式文件转换为可编辑文档,本实验以汉王 PDF OCR 为例介绍文字识别软件的使用方法。

【实验内容与步骤】

一、采集文字图像

采集文字图像主要有两种方式:

1. 通过扫描仪采集图像。

2. 通过数字相机采集图像。

采集图像时应尽量提高扫描分辨率和图像对比度,画面清晰,不倾斜,以利于后期提高 OCR 识别率。

二、汉王 PDF OCR 的使用

1. 双击桌面图标 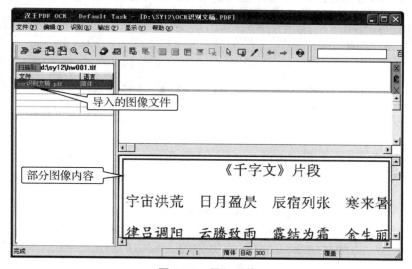（汉王 PDF OCR）,运行文字识别软件。

2. 导入要识别的图像文件

操作步骤:"文件"菜单→"打开图像"命令→打开 D 盘中的"实验 14"文件夹→选择"ocr 识别文稿.pdf"文件。导入成功后窗口左侧列表显示图像文件名,单击选中该图像文件名,右下侧窗口显示当前图像文件的部分内容,可以用水平、垂直滑块调整窗口显示区域。如图 14.1 所示。

图 14.1　导入文件

2. 版面分析

在"识别"菜单中选"版面分析",或按功能键<F5>,都可启动版面分析功能;

版面分析后用户可以看到打开的图像被分为一个或多个区域,如图 14.2 所示。每个区域左上角的数字标识表示该区域在文档中的顺序。若仅需识别部分区域,可以选中不要的

区域按<Delete>键删除。若要添加区域,可用鼠标拖出矩形框选中要添加的部分。

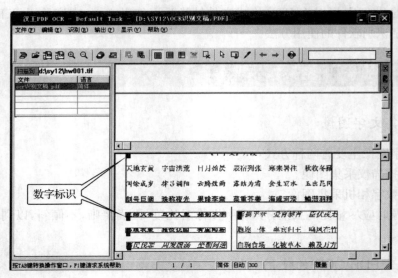

图 14.2　版面分析

3. 识别

在"识别"菜单中选"开始识别"命令,或按功能键<F8>。程序运行界面如图 14.3 所示。

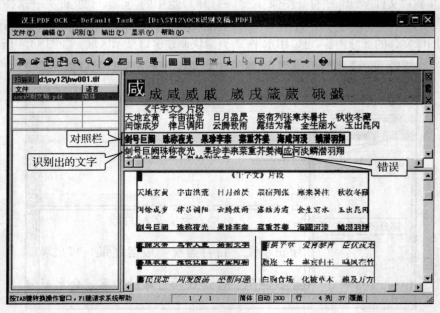

图 14.3　识别

受图像质量的影响,识别出来的内容可能有错误,通常以红色显示,点击红色部分可以参考对照栏修正内容。

4. 导出

方法:"输出"菜单→选择导出文件类型。

导出的文件可以是 RTF、TXT、HTM、XLS 等类型，建议保存为 RTF 格式。导出后的文件内容如图 14.4 所示，用户可以在 Word 中做后期处理。

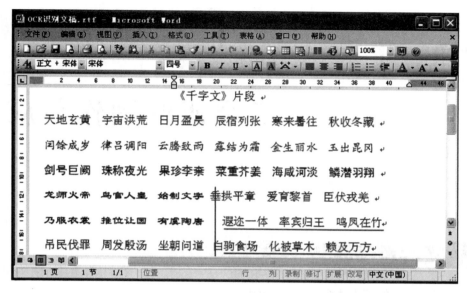

图 14.4　导出文本

5. 校正倾斜版面

有些图像扫描或拍照时纸张不正，图像带有倾斜，这会大大降低识别的正确率。用户可以手工校正图像，方法是："编辑"→"手动倾斜校正"→"顺（逆）时针调整"→"确定"。

【实验要求与提示】

1. 图像文件最好为 TIF 或 JPG 格式，其他格式的图像文件识别效果不佳。建议将其他格式文件先转成 TIF 或 JPG 格式，再行识别。

2. 识别前调整图片的亮度和对比度，让图片内容尽可能黑白分明，可以提高图像文字的识别率。

3. 如图片内文字太小，建议将图片放大后再行识别。

4. 处理多种语言混编的文稿时，各类 OCR 识别软件都容易产生乱码。汉字的新字体，识别时也容易产生乱码。

5. 有些 PDF 编辑软件自带 OCR 识别和文档转换功能。

【思考与练习】

1. 提取实验文件夹图片文件"ocr 识别文稿. pdf"内的中英文字符。

2. 拍摄一页教材，能否提取出照片中的文字？

3. 拍摄一些手写文字，OCR 能否识别出这些文字？

实验 15

二维码的制作与应用

■▶【实验目的与要求】

1. 了解二维码的基本概念、功能与应用。
2. 学会利用二维码生成器制作如文本、短信、个人名片等信息的二维码。

■▶【软硬件环境】

1. 软件环境：Windows 7 操作系统；360 安全卫士或 360 杀毒；浏览器。
2. 硬件环境：处理器双核 1.6 GHz；内存 2 GB 以上；带摄像头的智能手机；摄像头；能访问 Internet 网络。

■▶【实验涉及的主要知识单元】

1. 搜索引擎及常用应用软件，如百度、谷歌、浏览器、办公自动化软件的基本使用方法。
2. 二维码及二维码的生成与解码等基础知识。
(1) 二维码的基本概念
① 什么是二维码
二维码(Two-dimensional code)，又称二维条码，它是用某种特定的几何图形按一定规律在平面(二维方向)上分布的黑白相间的图形来记录数据符号信息的。二维码是 DOI (Digital Object Unique Identifier，数字对象唯一识别符)的一种。
二维码在代码编制上巧妙地利用构成计算机内部逻辑基础的"0"、"1"比特流的概念，使用若干个与二进制相对应的几何形体来表示文字、数值、图像等信息，通过图像输入设备或光电扫描设备自动识读以实现信息的自动处理。
② 手机二维码
手机二维码是二维码技术在手机上的应用。这种二维码将手机需要访问、使用的信息

编码到二维码中,利用手机的摄像头识读。手机二维码具有信息量大,纠错能力强,识读速度快,全方位识读等特点。

手机二维码不但可以印刷在报纸、杂志、广告、图书、包装以及个人名片上,用户还可以通过手机扫描二维码实现快速上网、下载图文、了解企业产品信息等功能。

（2）二维码的应用

二维条码具有储存量大、保密性高、追踪性高、抗损性强、成本低廉等特性,这些特性特别适用于表单、安全保密、追踪、证照、存货盘点、资料备份等方面。例如:二维码印章、票务销售应用、表单应用、保密应用、证照应用、报纸应用、网络资源下载、景点门票应用等。

随着信息技术的飞速发展,二维码的许多创意性应用将会层出不穷。

【实验内容与步骤】

一、利用搜索引擎搜索二维码在线生成器

① 打开浏览器,选择百度,输入关键词"二维码生成器",选择"草料二维码"。

注:利用搜索引擎搜索二维码生成器时,能找到大量实用且操作简便的二维码生成器。草料网是国内较大的二维码在线服务网站。提供了很多在线功能,二维码在线生成器便是其中之一(也可以下载离线使用)。

② 打开"草料二维码"官方网站 http://cli.im/,如图 15.1 所示。

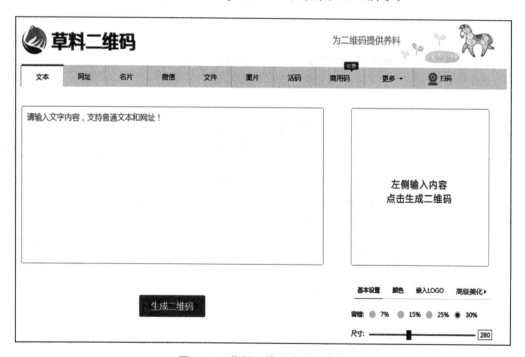

图 15.1　草料二维码在线生成器

二、二维码的制作

1. 将图片文字生成二维码

步骤:

① 在"草料二维码"窗口,点击"文件"选项卡,或在浏览器中打开"http://cli.im/files",如图 15.2 所示。

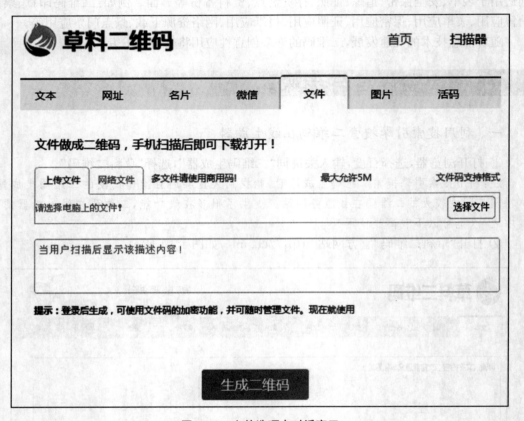

图 15.2　文件选项卡对话窗口

② 选择需要显示的图片(图片可以上传,也可以来自网络文件),并在"用户扫描后显示该描述内容"框内输入描述内容。如图 15.3 所示。

注:由于草料与腾讯安全管家合作,为了规范二维码的安全性,草料对文件上传类型作了限制,目前,可支持的上传文件类型有:jpg,jpeg,gif,png,bmp,pdf,doc,docx,ppt,pptx,vcf,pot,potx,xls,xlsx,txt,rtf,et,wps,dps,mp3,mp4,wma,mid。

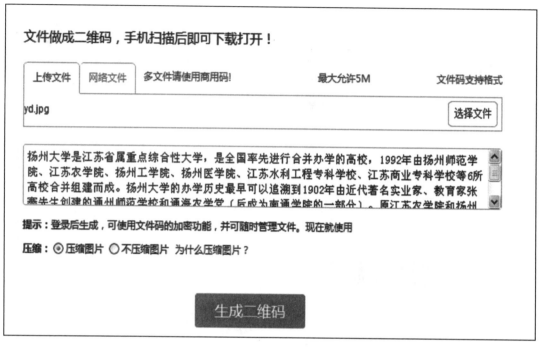

图 15.3　文件选项卡对话窗口内容输入示意图

③ 点击"生成二维码"按钮，生成二维码。生成的二维码效果如图 15.4 所示。

图 15.4　二维码示意图

④ 扫描此二维码，便可阅读。

2．制作名片二维码

步骤：

① 在"草料二维码"窗口，点击"名片"选项卡，或在浏览器中打开"http://cli.im/vcard"，如图 15.5 所示。

注：草料二维码独创了新版的名片二维码，将静态二维码和活码的特点互相融合，用户不再需要点开网页，扫描二维码就可以立刻得到名片信息，同时还为每个名片二维码配备了

独立的"个人名片主页",用来展现更加丰富多彩的名片内容!

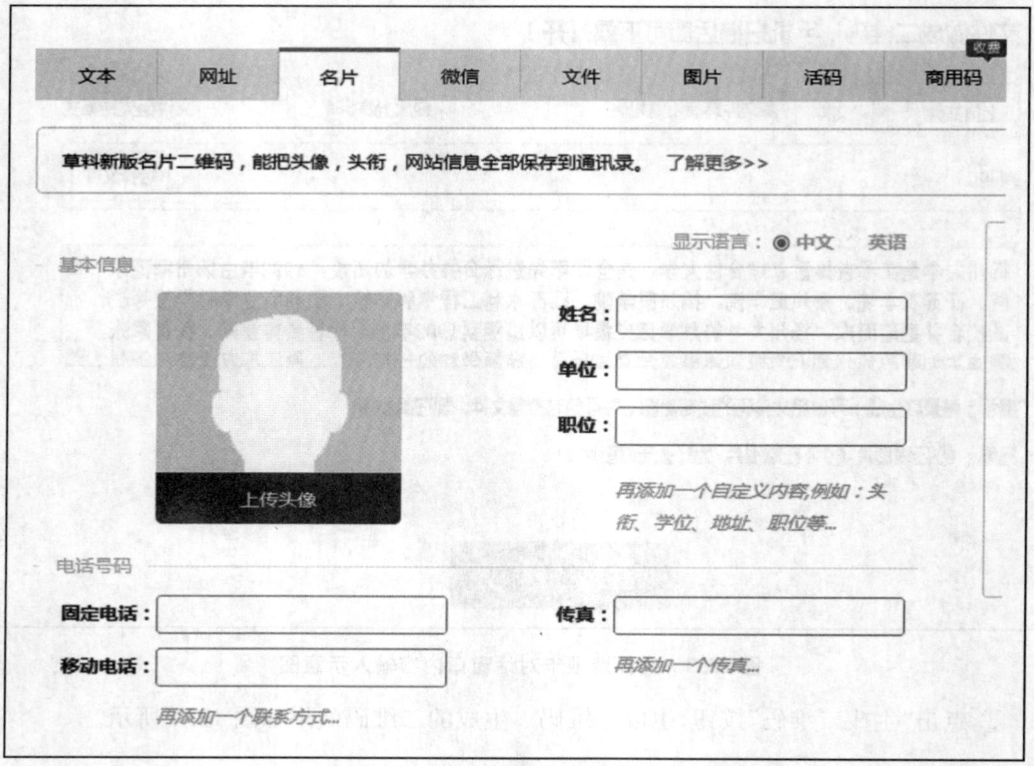

文本	网址	名片	微信	文件	图片	活码	商用码

草料新版名片二维码,能把头像,头衔,网站信息全部保存到通讯录。 了解更多>>

显示语言: ◉ 中文　英语

基本信息

上传头像

姓名:

单位:

职位:

再添加一个自定义内容,例如:头衔、学位、地址、职位等...

电话号码

固定电话:　　　　　　　　　　　　传真:

移动电话:

再添加一个传真...

再添加一个联系方式...

图 15.5　草料名片制作示意图

② 选择需要上传的头像,并在相应栏目内输入相关内容。

③ 点击"生成二维码"按钮,生成二维码。生成的二维码效果如图 15.6 所示。

图 15.6　名片二维码效果图

④ 用带有摄像头的智能手机扫描此二维码,得到如图 15.7 所示的名片(部分显示)。

图 15.7　名片二维码效果图

　　注：在扫描通信录二维码得到通信录的底部,设计了将以上信息"保存到通讯录"、"收藏"、"分享"和"二维码"等 4 个功能。目前苹果 IOS 系统的微信暂不支持"保存到通信录"这一功能(若想保存通讯录,可以将"个人主页"的网址复制到苹果浏览器里进行保存);"二维码"是通信录的二维码存储,当您遇到熟人、朋友,只需将这个二维码调出,让对方扫描一下,就可以轻松的将您的名片保存到对方的手机了。

【实验要求与提示】

　　1. 目前,二维码生成器有很多,大多操作方便易行,功能也比较完善。常见的除了"草料二维码"以外,还有"鸿运二维码"、"二维码大师"、"安卓二维码生成器"、"Qmaker"等。有的在线即可生成,也可以下载离线使用。用户可自行选择一种使用。

　　2. 二维码生成器软件的功能相对于 Office 办公套件来说,功能相对简单易懂,用户可根据需要设计出风格迥异的二维码,例如,为二维码添加颜色、嵌入 logo 以及设置前景、背景等高级功能将二维码进行美化处理。如图 15.8 所示为草料二维码"高级美化"窗口菜单。

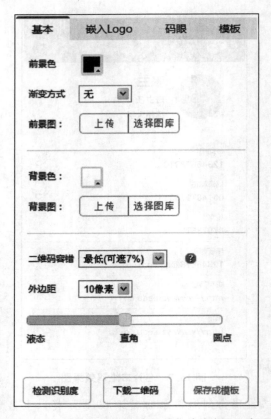

图 15.8　草料二维码之高级美化功能窗口示意

【思考与练习】

1. 平时我们会携带 U 盘等便携式工具来存放我们备份的资料，通过二维码的制作学习之后，你能考虑用它来备份重要资料吗？

2. 不少城市已经开始在市内竖立起"导览地图牌"，地图牌上已经有用二维码制作的城市地图，可供人们用智能型手机扫描下载地图。你能构想出二维码的发展前景吗？

3. 为某一餐厅建立一个二维码菜单，将餐饮文化、菜品介绍及菜单等信息制成二维码，用户可通过扫码获得相关信息。

实验 16

网络应用

【实验目的与要求】

1. 学会使用 360 云盘实现大文件的网络存储和传输。
2. 学会利用 Server U 架设中小型局域网 FTP 服务器。

【软硬件环境】

1. 软件环境：Windows 7 操作系统；Server U 局域网 FTP 工具；QQ 通信工具。
2. 硬件环境：处理器双核 1.6 GHz；内存 2 GB 以上；网络能访问 internet 网络。

【实验涉及的主要知识单元】

1. 云盘

云盘即网盘，又称网络 U 盘、网络硬盘，是由互联网公司推出的在线存储服务，向用户提供文件的存储、访问、备份、共享等文件管理的功能。用户可以把网盘看成一个放在网络上的硬盘或 U 盘，不管用户是在家中、单位或其他任何地方，只要连接到因特网，就可以管理、编辑网盘里的文件。不需要随身携带，更不怕丢失。

2. FTP 服务

FTP(File Transfer Protocol)，是文件传输协议的简称。用于 Internet 上的控制文件的双向传输。同时，它也是一个应用程序。用户可以通过它把自己的 PC 机与世界各地所有运行 FTP 协议的服务器相连，访问服务器上的大量程序和信息。

【实验内容与步骤】

一、360 云盘的使用

云盘是 360 推出的最大 10T 的网络硬盘，用户可以上传文件到网盘里进行保存，也可以实现跨电脑的文件移动。

1. 登录 360 云盘

（1）网页登录

启动浏览器 IE，在地址栏中输入 http://yunpan.360.cn/ 打开登录页面，第一次使用云盘时必须先注册 360 账号，如图 16.1，再进行登录操作。

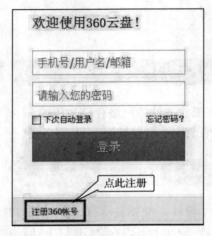

图 16.1 360 云盘登录界面

（2）客户端登录

双击桌面上 360 云盘图标，打开登录对话框，登录方式同网页登录，本实验以网页登录方式介绍云盘的使用方法。

2. 文件的上传

① 登录网盘，点击"上传"按钮，如图 16.2 所示，弹出上传文件对话框，点击"添加文件"按钮，出现浏览窗口。

② 选中要上传的文件，如果想要选中多个文件，可以按住 Ctrl 键来点击选中多个文件，选好文件以后，点击右下角的"上传"按钮开始上传文件。也可以直接将文件或文件夹拖放到图 16.2 页面的空白处即可完成上传。

注：在 D 盘任意选择文件上传。

图 16.2　文件的上传

③ 文件上传成功后，出现提示，同时在云盘窗口中可以看到这些文件。如图 16.3 所示。

图 16.3　查看上传的文件

3. 文件的下载

① 用鼠标选中要下载的文件或文件夹,再点击图 16.4 中靠上方的"下载"按钮。

② 也可以在选中文件或文件夹后右击,选择"下载",如图 16.4 所示。

图 16.4 文件的下载

4. 文件的删除

方法类似于文件的下载,只要选中文件或文件夹后单击"删除"按钮,或者右击后选择"删除"即可。

二、局域网 FTP 服务器的架设

1. 账户的创建与管理

① 双击桌面 Server U 图标,弹出"是否定义新域"对话框,选择"是",出现创建新域窗口。

② 在域名框中输入"yzdx",单击下一步,设置用户进入该域时使用的协议和端口,这里只要使用默认数值即可,选择"下一步"。如图 16.5 所示。

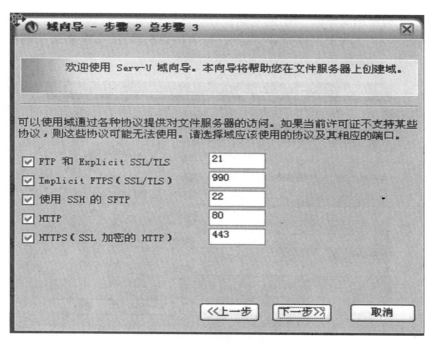

图 16.5　设置协议及端口

③ 出现 IP 地址选择窗口,这里不要选择任何 IP 地址,直接单击下一步,如图 16.6
所示。

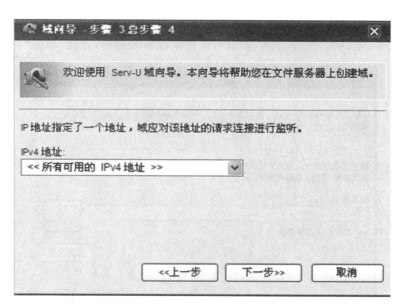

图 16.6　IP 地址设置

④ 出现密码设置窗口,选择"使用服务器设置",单击"完成"。

⑤ 弹出是否创建用户对话框,单击"是"创建用户,或者单击"否"不创建用户。本实验
创建用户。

⑥ 弹出"是否使用向导创建用户"对话框,单击"是"。

⑦ 弹出如图 16.7 所示用户向导对话框,输入用户名:sxh,全名和电子邮件地址框不填,单击"下一步"。

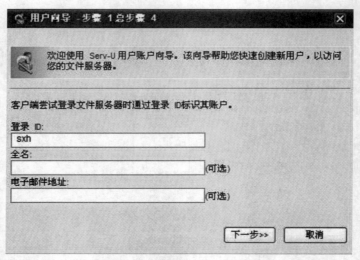

图 16.7　设置登录用户名

⑧ 为"sxh"用户名设置登录密码:123456,

⑨ 设置用户登录成功后可访问的根目录,单击"打开文件夹"按钮,如图 16.8 所示,选择用户所能访问的目录,这里我们设置为"E:"。

⑩ 选择完成后,单击"下一步",设置用户的访问权限("只读访问"表示"sxh"用户登录后只能读取 E:中的文件,"完全访问"表示可进行读或修改操作),然后单击"完成"。

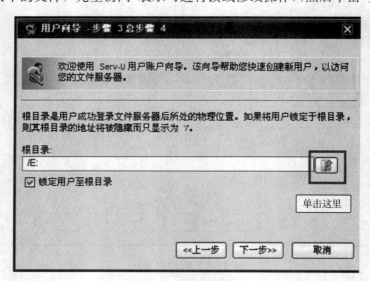

图 16.8　选择访问目录

⑪ 创建完成后,在域用户里将显示所创建的所有用户,在该对话框中可以进行用户的添加、删除以及对用户的相关设置。如图 16.9 所示。

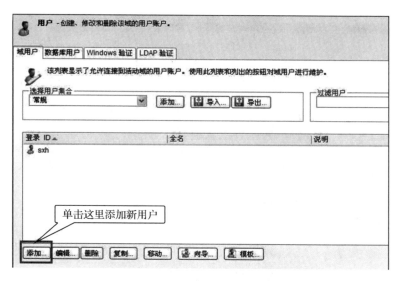

图 16.9　域用户添加、删除、设置

⑫ 如果要添加新用户，单击图 16.9 左下角的"添加"按钮，弹出添加用户对话框，选择"用户信息"选项卡，在登录 ID 框中填入"yzj"，在密码框中填入密码："123456"，单击根目录框右边的"打开文件夹"按钮，然后为新用户选择所能访问的目录（如 E：），如图 16.10 所示。

⑬ 再选择"目录访问"选项卡，单击左下角的"添加"按钮，出现目录访问规则窗口，如图 16.11 所示，在路径框继续选择 E：（必须和步骤⑫中相同），然后在"文件"框和"目录"框中根据需要设置相应的访问权限，单击"保存"，返回图 16.10 所示窗口，再单击"保存"，返回到图 16.9 所示窗口，可以看到此时"yzj"用户已添加成功。

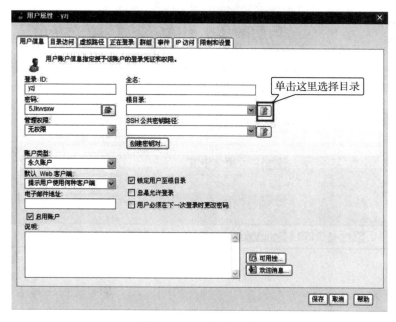

图 16.10　添加新用户

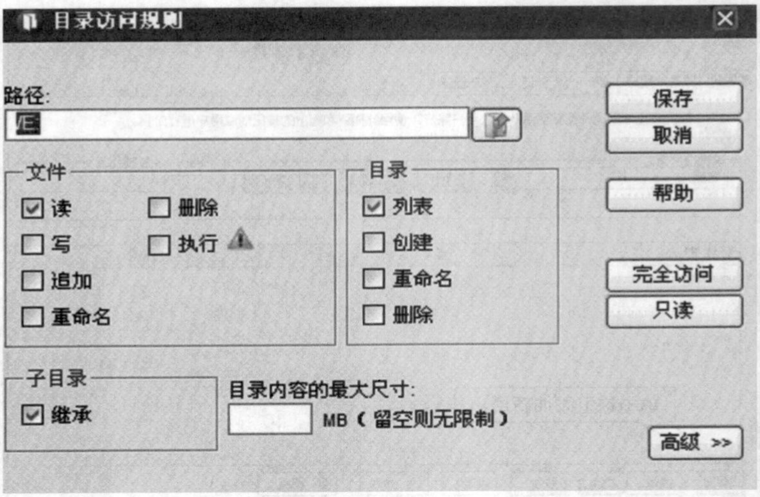

图 16.11 设置目录访问规则

2. 登录 FTP 共享文件

通过以上步骤用户已经架设好了一台局域网 FTP 服务器,下面可以进行文件共享操作了。具体步骤如下:

① 启动浏览器,在浏览器地址栏中输入http://127.0.0.1,弹出如图 16.12 所示对话框,在对话框的登录 ID 中输入"sxh",密码框中输入"123456",单击登录。

图 16.12 用户登录窗口

注:本步骤是在同一台计算机上使用本机 FTP 服务,如果要访问网络上其他计算机的 FTP 服务,只要输入对方的 IP 地址、用户名和密码。

② 弹出客户端选项对话框(设置打开文件目录的方式),选择"Web 客户端方式",再单

击"确定",文件目录将以 Web 页面的方式打开。

③ 根据之前创建用户时所定义的操作权限,可以对目录里的文件或文件夹进行读、写、添加、删除等操作。

三、在手机和计算机之间利用 QQ 实现文件的传输

首先在电脑和手机同时登录同一个 QQ 号码。

1. 将文件从手机传送到电脑

① 打开手机 QQ 主界面,在其最下方点击"动态"按钮,进入"动态"界面,如图 16.13 所示。

② 在"动态"界面,点击"文件/照片助手",进入文件传输页面,如图 16.14 所示。

图 16.13　QQ 动态界面

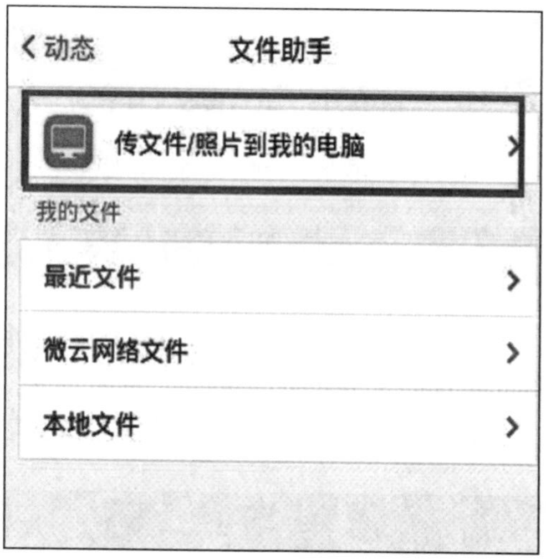

图 16.14　文件传输界面

③ 选择"传文件/照片到我的电脑",然后在下方单击要传送的文件类型,进入文件选择页面找到要传送的文件,再单击右下角的"发送"按钮。

④ 电脑 QQ 如果在线,出现如图 16.15 所示窗口,表示接收成功,再对准文件右击选择"另存为",可以修改文件的保存位置。

注:若此时电脑 QQ 未在线,则在下次电脑登录 QQ 时会自动出现图 16.15 所示窗口。

2. 将文件从电脑传送到手机

① 在计算机上打开 QQ 主窗口,选择"联系人"按钮,再展开其下方的"我的设备",可看到手机 QQ 在线图标。如图 16.16 所示。

② 右击手机 QQ 图标,选择"打开发送窗口",出现图 16.15 所示窗口,点击左下角的 📁 图标,然后在弹出的"打开"对话框中选择相应的文件,点"打开"即可将文件发送到手机,如果选择 ✂,则可对屏幕区域进行截图发送到手机。

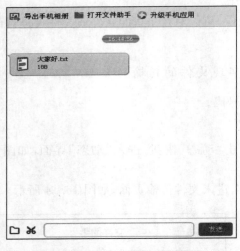

图 16.15　电脑接收文件界面   图 16.16　联系人界面

③ 手机的"消息"界面会弹出收到文件的提示,单击即可查看文件内容。

【实验要求与提示】

1. 将文件上传到网盘后,务必注意文件的有效期,超过一定时间,某些网站可能会自动删除网盘里的文件。

2. Server U 安装时最好不要安装在 C 盘,长期的文件读写可能带来磁盘性能的下降。

【思考与练习】

1. Internet 上提供的网盘类型有很多,尝试仿照本实验的步骤,利用其他网盘实现大文件的存储和传输。

2. 除了使用实验中 Server U 以外,尝试其他工具架设 FTP 服务器。

实验 17

网络调查

【实验目的与要求】

1. 了解网络问卷调查的基本方法。
2. 掌握问卷星等网站的应用技巧。

【软硬件环境】

1. 软件环境：Windows 7 操作系统。
2. 硬件环境：处理器双核 1.6 GHz；内存 2 GB 以上；网络能访问 internet 网络。

【实验涉及的主要知识单元】

1. 问卷调查

问卷调查是调查者运用统一设计的问卷向被选取的调查对象了解情况或征询意见的一种调查方法。根据载体的不同，可分为纸质问卷调查和网络问卷调查。

纸质问卷调查是传统的问卷调查，调查者自己或者聘请调查公司通过人工分发纸质问卷，待调查对象填写结束后回收答卷，再进行人工统计和分析。这种形式的缺点是分析与统计结果比较麻烦，而且成本也较高。

网络问卷调查是调查者利用网络平台分发和回收电子问卷的一种形式。一些在线调查问卷网站，提供问卷设计、问卷发放、结果分析等一系列服务，为调查者提供了极大的方便。这种方式的优点是无地域限制，成本相对低廉，缺点是答卷质量无法保证。

2. 调查问卷的设计原则

（1）主题明确　围绕主题从实际出发拟定问题。问题应目的明确，重点突出，无可有可无的问题。

（2）结构合理、逻辑性强   问题的排列应有一定的逻辑顺序，符合应答者的思维程序。一般是先易后难、先简后繁、先具体后抽象。

（3）通俗易懂   问卷应使应答者一目了然，并愿意如实回答。问卷中语气要亲切，符合应答者的理解能力和认识能力，避免使用专业术语。对敏感性问题采取一定的技巧调查，使问卷具有合理性和可答性，避免主观性和暗示性，以免答案失真。

（4）控制问卷的长度   问卷回答的时间一般控制在 20 分钟左右，问卷中既不浪费一个问句，也不遗漏一个问句。

（5）便于资料的校验、整理和统计。

【实验内容与步骤】

一、使用"问卷星"网站进行"网络调查"

1. 注册"问卷星"

① 打开 IE 浏览器，在地址栏输入：http://www.sojump.com/，出现问卷星网站的主页，如图 17.1 所示。

图 17.1   "问卷星"网站

② 点击"立即注册"，出现如图 17.2 所示的注册界面。

图 17.2 创建用户

③ 选择"免费版",设置用户名和密码后点击"创建用户",问卷星注册成功。

2. 设计问卷

注册成功后出现如图 17.3 所示的界面。

图 17.3 创建新问卷

① 点击"创建新问卷"后,选择"自助创建问卷",出现如图 17.4 所示的界面。

图 17.4　问卷创建方式

② 问卷星提供 4 种问卷创建方式,分别是选择问卷模板、导入问卷文本、创建空白问卷和录入问卷服务。选择"导入问卷文本",如图 17.5 所示。

图 17.5　导入问卷文本

③ 打开文档"研究性学习调查问卷",将已设计好的问卷文档复制到文本框中。点击

"确定预览",检查问卷是否符合自己的要求。如不满足要求,可点击"编辑问卷"进行修改。

　　④ 如没有问题,直接点击"发布问卷",出现如图 17.6 所示的界面。

图 17.6　问卷发布

　　⑤ 此时,还可以对问卷进行修改、设置和美化,如无需进一步加工,可点击"发布此问卷"。屏幕弹出如图 17.7 所示的信息框。

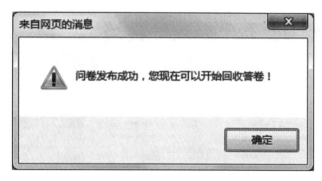

图 17.7　问卷发布成功

点击"确定"按钮后,问卷发布成功。

3. 回收问卷

问卷发布后,进入回收答卷阶段,如图 17.8 所示。

将问卷的链接复制后直接发送给调查对象,或转发至 QQ 空间、新浪微博、QQ 好友和人人网等。还可以将该问卷的二维码发布给调查对象,通过微信的扫一扫功能能直接访问该问卷。

图 17.8　回收答卷

现在所要做的就是等待调查对象填写调查问卷了。

4. 分析问卷星

调查对象填写完问卷后,即进入问卷的分析阶段。

再次登录问卷星后,进入问卷分析和下载界面,如图 17.9 所示。

图 17.9　我的问卷

点击"分析 & 下载"菜单中的"统计 & 分析",出现如图 17.10 所示的界面。点击"下载调查报告",将分析数据以 Word 文档的形式存储在用户指定的位置。

注意下载前,每道问题所需要的饼图、直方图等图表类型必须事先点选。

图 17.10 下载调查报告

【实验要求与提示】

1. 用于网络问卷调查的网站常见的有问卷星(http://www.sojump.com/)、问卷网(http://www.wenjuan.com/)、调查派(http://www.diaochapai.com)等网站,用户可根据自己的喜好选择。

2. 在实验前应事先设计好调查问卷。

【思考与练习】

1. 设计问卷时,应如何注意问卷的语言措辞。
2. 结合自己的学习、生活和社会实践,进行一次网络问卷调查。

实验 18

杀 毒

【实验目的与要求】

1. 了解计算机病毒。
2. 掌握常用杀毒软件的使用方法。

【软硬件环境】

1. 软件环境：Windows 7 操作系统；360 杀毒，USBCleaner U 盘病毒专杀工具。
2. 硬件环境：处理器双核 1.6 GHz；内存 2 GB 以上。

【实验涉及的主要知识单元】

1. 计算机病毒

计算机病毒是指恶意影响计算机使用的程序代码或指令。与生物上的"病毒"不同，计算机病毒不是天然就存在，而是人为制造的。病毒程序利用计算机软件硬件的漏洞，在未经用户许可的情况下自我复制或运行，影响计算机的正常运作，危害用户的信息安全。

2. 杀毒软件

杀毒软件用于查杀潜伏在计算机内的恶意程序。杀毒软件通常集成了识别、扫描、清除、数据恢复、防火墙和自动升级等功能。无论哪种杀毒软件都不可能查杀所有的病毒，而杀毒软件能检测到的病毒，也不一定都能清除。

杀毒软件有很多种，如小红伞、卡巴斯基、金山毒霸、瑞星杀毒、360 免费杀毒、百度杀毒和腾讯电脑管家等，这些软件各有所长，用户可以根据具体情况选用相应的杀毒软件。

【实验内容与步骤】

本实验以 360 杀毒和 USBCleaner 软件为例,介绍杀毒软件的使用方法。

一、360 杀毒软件

1. 检查、清理电脑病毒

(1) 运行 360 杀毒,界面如图 18.1 所示。

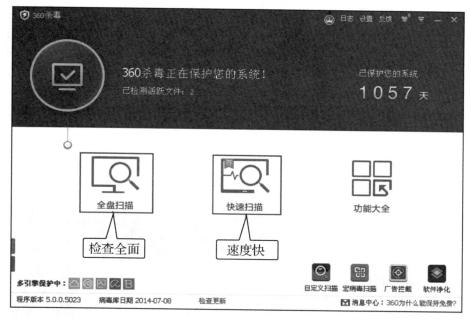

图 18.1　360 杀毒主窗口

(2) 选择查杀范围

用户可以选择"全盘扫描"或"快速扫描"对电脑的全部或部分内容进行查杀。"全盘扫描"会扫描包括压缩文件在内的所有磁盘文件,当硬盘各分区存储文件数量过多时,扫描时间比较长;"快速扫描"仅检查系统关键项目和一些常用软件,不扫描所有磁盘文件,速度相对较快;建议用户日常检查用快速扫描,定期用全盘扫描做彻底的检查。

(3) 自定义查杀范围

"功能大全"的"系统安全"模块提供"自定义扫描"功能,用户可以定制需扫描查杀的范围,如图 18.2 所示。

扫描结束后,如发现病毒提示,用户可选择"隔离被感染文件"或者"彻底删除文件"。

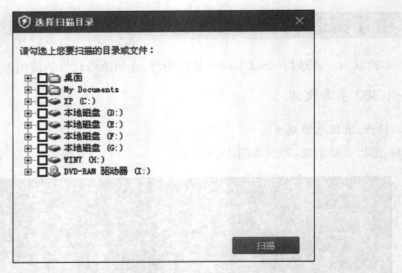

图 18.2   用户自定义扫描区域

2. 屏蔽软件弹窗

某些软件运行时会自动弹出广告窗口,用户可以用 360 杀毒软件屏蔽弹窗。

① 打开 360 窗口右下角的"广告拦截"功能,如图 18.3 所示;

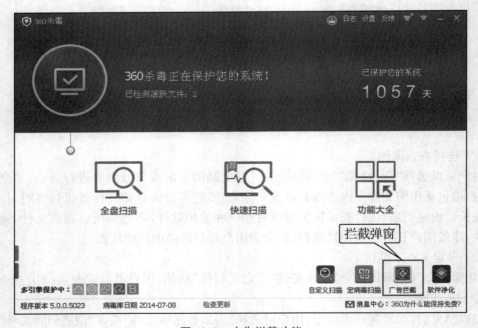

图 18.3   广告拦截功能

② 360 杀毒会扫描出有弹窗的软件,如图 18.4 所示,用户在"拦截"选项前打勾,指明需要拦截广告的软件。

图 18.4　设置屏蔽软件弹窗

3. 添加信任文件白名单

有时 360 杀毒会误杀有用的文件，用户可将其加入到 360 的白名单，防止误查。

① 点击 360 主窗口右上角"设置"功能按钮，打开"360 杀毒－设置"对话框；

② 在对话框左侧选择"文件白名单"，对话框右侧点击"添加文件"按钮，选取要添加信任的文件，如图 18.5 所示；

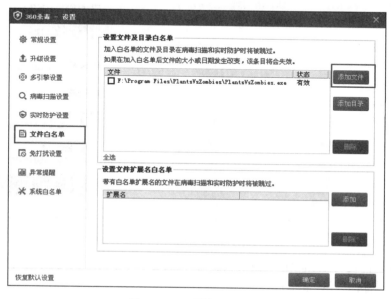

图 18.5　设置信任白名单

③ 去除"文件内容发生变化后，此白名单失效"选项，如图 18.6 所示；

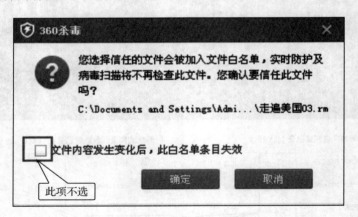

图 18.6 设置白名单选项

④ 点击"确定"按钮，白名单设置成功。360 杀毒将不再查杀出现在白名单的文件。

4. 软件净化

360 的"软件净化"功能可以卸载用户不需要的软件。

打开 360 杀毒主界面的"功能大全"，点击窗口右下方的"软件净化"按钮，360 自动检测出电脑中所有已安装的软件，用户根据自身使用情况适当卸载净化。如图 18.7 所示，点击待删软件后的"卸载"，360 将自动完成卸载任务。

图 18.7 "捆绑软件净化"对话框

360 杀毒软件还有电脑救援、上网加速、手机助手、文件粉碎机等其他功能，操作简易，能帮助用户对电脑进行日常维护。

二、用 USBCleaner 查杀 U 盘病毒

USBCleaner(U 盘病毒专杀工具)是一款杀毒辅助工具,用于清除 U 盘、SD 存储卡、MP3、MP4、记忆棒等闪存类病毒。USBCleaner 不能完全替代防火墙和杀毒软件。

1. USBCleaner 查杀病毒

打开 D 盘中的"实验 18"文件夹,打开"USBCleaner"文件夹,双击"USBCleaner. exe"文件,打开主程序窗口如图 18.8 所示。

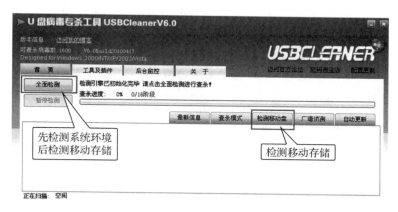

图 18.8　USBCleaner 杀毒程序主窗口

"全面检测"按钮先检查系统环境,后检查移动存储设备。"检测移动盘"功能,仅检查移动存储设备。

移动存储处理模块分为四个子功能:"检测 U 盘"、"检测移动硬盘"、"恢复被病毒恶意隐藏文件"和"强制去除文件夹目录系统隐藏属性",用户根据需要点击选择子功能,如图18.9 所示。

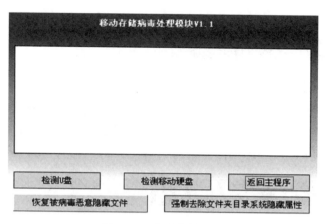

图 18.9　移动存储处理

例如用户要查杀 U 盘,操作步骤为:USBCleaner. exe→检测移动盘→检测 U 盘。

2. U盘写保护

为保护U盘内容,防止病毒程序的恶意修改,用户可以设置U盘写保护。写保护的U盘,内容只读,不可修改。解除写保护后U盘依然可读、可写。

有些U盘自带写保护开关,通常在U盘侧面,有"LOCK"或锁形标志,用户拨动开关可以设置/解除写保护。如果U盘没有写保护开关,可以通过USBCleaner为U盘设置/解除一种"特殊"的写保护。

打开USBCleaner文件夹,双击"Usbmon.exe"文件,打开程序窗口如图18.10所示,点击"其他功能"选项,右方出现"应用写保护"和"移除写保护"两个按钮。

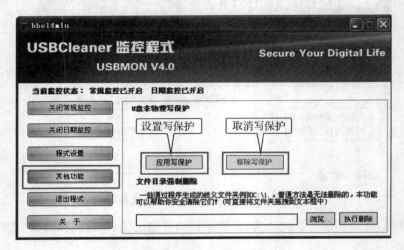

图18.10　设置U盘写保护

"应用写保护"功能是将当前U盘设置为写保护状态,"移除写保护"功能是解除当前U盘的写保护状态。

注意: 设置完成后用户需将U盘重新拔插,系统才能识别U盘的新状态。

【实验要求与提示】

1. 360杀毒软件也可以查杀移动存储设备。

2. 一台电脑最好只安装一套杀毒软件。首先,杀毒软件占用的CPU和内存资源较多,安装多套杀毒软件会占用大量资源,导致机器反应很慢。其次,杀毒软件厂商间相互竞争,可能会造成软件产品的相互排斥。

【思考与练习】

1. 用360杀毒软件查杀电脑环境。

2. 用USBCleaner查杀自己的U盘。

3. 其他杀毒软件有类似的功能吗?

4. USBCleaner能检测手机安全吗?